Python
自动化开发实战

黄永祥 / 著

清华大学出版社
北京

内 容 简 介

本书站在初学者的角度，从原理到实践，循序渐进地讲述了使用 Python 实现自动化开发的核心技术。全书从逻辑上可分为 Python 基础知识、Python 自动化技术和自动化系统开发三部分。Python 基础知识部分主要介绍 Python 的变量、数据类型、流程控制语句、函数与类等基础语法。Python 自动化技术部分分别介绍网页、计算机系统、软件和手机的自动化技术，并将自动化技术与人工智能的计算机视觉结合使用，使自动化程序更为稳定和智能。自动化系统开发部分介绍如何开发一个统一调度和管理自动化程序的 Web 系统，通过该系统可实现分布式管理自动化程序的运行情况。

本书由浅入深，注重实战，适用于从零开始学习开发自动化程序和系统的初学者，或者已经有一些自动化程序开发经验，但希望更加全面、深入理解 Python 自动化开发的人员。

图书在版编目（CIP）数据

Python 自动化开发实战/黄永祥著. —北京：清华大学出版社，2019

ISBN 978-7-302-52490-8

Ⅰ. ①P… Ⅱ. ①黄… Ⅲ. ①软件工具—程序设计Ⅳ. ①TP311.561

中国版本图书馆 CIP 数据核字（2019）第 043089 号

责任编辑：王金柱
封面设计：王　翔
责任校对：闫秀华
责任印制：宋　林

出版发行：清华大学出版社
网　　址：http://www.tup.com.cn, http://www.wqbook.com
地　　址：北京清华大学学研大厦 A 座　　　　　　邮　编：100084
社 总 机：010-62770175　　　　　　　　　　　邮　购：010-62786544
投稿与读者服务：010-62776969, c-service@tup.tsinghua.edu.cn
质 量 反 馈：010-62772015, zhiliang@tup.tsinghua.edu.cn

印 装 者：三河市龙大印装有限公司
经　　销：全国新华书店
开　　本：180mm×230mm　　　　印　张：17.25　　　　字　数：359 千字
版　　次：2019 年 5 月第 1 版　　　　　　　　　　　印　次：2019 年 5 月第 1 次印刷
定　　价：69.00 元

产品编号：081780-01

前　言

Python 一直是开发自动化程序的首选编程语言，随着大数据和人工智能的兴起，很多企业投身于智能化和自动化开发。Python 开发自动化程序不再仅限于自动化测试，它已应用于网络爬虫和业务流程自动化等方面，将重复性的业务交由程序处理，从而释放劳动力，正因如此，自动化开发成为当下最为追捧的技术之一。

本书站在初学者的角度，从原理到实践，循序渐进地讲述了使用 Python 进行自动化开发的核心技术。全书从逻辑上可分为 Python 基础知识、Python 自动化技术和开发自动化系统三部分。Python 基础知识主要介绍 Python 的变量、数据类型、流程控制语句、函数与类等基础语法，帮助不熟悉编程的读者快速掌握 Python 编程技巧。Python 自动化技术分别介绍网页、计算机系统、软件和手机的自动化开发技术，并将自动化开发与人工智能的计算机视觉结合使用，使自动化程序更为稳定和智能。自动化系统是将所有自动化程序统一调度和管理的 Web 系统，本部分通过开发一个自动化系统来实现分布式管理自动化程序的运行情况。

本书是笔者使用 Python 编写自动化程序和开发自动化系统的经验总结，全书循序渐进，由浅入深，结合当前各种热点新技术，从事软件自动化开发和编写自动化程序及进行软件自动化测试的读者能够从本书中获得收益。

本书结构

本书共分 15 章，从逻辑上可分为三部分：

第 1 部分，第 1~7 章讲述 Python 的基础知识，主要内容包括：搭建开发环境、变量与运算符、数据类型与控制语句、函数与类以及异常机制。

第 2 部分，第 8~13 章讲述 Python 的自动化技术，主要内容包括：网页自动化、接口自动化、系统自动化、软件自动化、利用计算机视觉实现自动化以及手机 App 自动化。

第 3 部分，第 14~15 章讲述自动化系统的开发，由 Python 的 Flask 框架实现，首先介绍 Flask 的基础知识，然后讲述自动化系统的开发过程。

本书特色

循序渐进，知识全面：本书站在初学者的角度，围绕 Python 的自动化技术展开讲解，从初学者必备基础知识着手，循序渐进地介绍了自动化程序开发和实现的各种知识，内容难度适中，由浅入深，实用性强，覆盖面广，条理清晰，且具有较强的逻辑性和系统性。

实例丰富，扩展性强：本书每个知识点都单独以一个项目为例进行讲解，力求让读者更容易地掌握知识要点。本书实例经过作者的精心设计和挑选，根据编者的实际开发经验总结而来，涵盖在实际开发中遇到的各种问题。

基于理论，注重实践：在讲解的过程中，不仅介绍理论知识，而且安排了综合应用实例或小型应用程序，将理论应用到实践中，加强读者的实际开发能力，巩固开发技能和相关知识。

源代码下载

本书源代码的 github 下载地址：

https://github.com/xyjw/python-Automation

也可以扫描右侧二维码下载。

如果你在下载过程中遇到问题，可发送邮件至 554301449@qq.com 获得帮助，邮件标题为"Python 自动化开发实战下载资源"。

技术服务

读者在学习或者工作的过程中，如果遇到实际问题，可以加入 QQ 群 93314951 与笔者联系，笔者会在第一时间给予回复。

读者对象

本书主要适合以下读者阅读：

- ◆ 从零开始学习编写自动化程序的初学者和大学生
- ◆ Python 自动化开发工程师。
- ◆ 从事自动化测试和运维的技术人员。
- ◆ 培训机构及网课教学用书。

虽然笔者力求本书更臻完美，但由于水平所限，难免会出现错误，欢迎广大读者和高手专家给予指正，笔者将十分感谢。

编者

2019 年 3 月

目　　录

第 1 章

认识 Python

本章主要介绍 Python 的概念、搭建 Python 的开发环境及实现简单的功能输出，通过本章的学习，使读者对 Python 有一定的了解和认知，并做好开发 Python 程序的准备。

1.1　了解 Python

Python 是一种面向对象的解释型计算机程序设计语言，由荷兰人 Guido van Rossum 于 1989 年发明，第一个公开发行版发行于 1991 年。它是纯粹的自由软件，源代码和解释器 CPython 遵循 GPL（General Public License）协议，同时被称为胶水语言，能够把其他开发语言制作的各种模块（尤其是 C/C++）很轻松地联结在一起使用。

Python 为我们提供了非常完善的标准模块，覆盖了网络、文件、GUI、数据库和文本等大量功能模块，形象地称作"内置电池（batteries included）"。使用 Python 开发程序，许多功能不必从零编写，直接调用现成的即可。除了内置的模块外，Python 还有大量的第三方模块，这是别人开发的，并且免费供我们直接使用。如果我们开发的代码通过封装处理，也可以作为第三方模块给别人使用。

发明者 Guido van Rossum 给 Python 的定位是"优雅"、"明确"、"简单"，所以 Python 开发的程序看上去总是简单易懂，同一个功能，Python 的代码量比其他开发语言更为简洁。

初学者学习 Python，不但入门容易，而且将来深入下去，也可以编写非常复杂的程序。

任何编程语言都有缺点，Python 也不例外。Python 的主要缺点是运行速度慢，与 C 程序相比会显得非常慢，因为 Python 是解释型语言，代码在执行时会一行一行地翻译成 CPU 能理解的机器码，这个翻译过程非常耗时，而 C 程序是运行前直接编译成 CPU 能执行的机器码。

但是现在大量的应用程序不需要这么快的运行速度，因为用户根本感觉不出来。例如一个下载 MP3 的网络应用程序，C 程序的运行时间需要 0.001 秒，而 Python 程序的运行时间需要 0.1 秒，慢了 100 倍，但由于网络数据传输更慢，需要等待 1 秒，因此用户是无法感受到程序运行的速度。

因为 Python 是解释型语言，其代码是由 Python 解释器执行。整个 Python 语言从规范到解释器都是开源的，在理论上，只要水平够高，任何人都可以编写 Python 解释器来执行 Python 代码。目前，Python 的解释器主要有以下几种，如表 1-1 所示。

表 1-1　Pyton 主要的解释器

解 释 器	说　　明
CPython	Python 官方使用的解释器，由 C 语言开发，也是目前使用最广的 Python 解释器
IPython	IPython 是基于 CPython 之上的一个交互式解释器，在交互方式上有所增强，但是执行代码的功能和 CPython 是完全一样的
PyPy	PyPy 是另一个 Python 解释器，它的目标是执行速度。PyPy 采用 JIT 技术，对 Python 代码进行动态编译，因此提高了 Python 代码的执行速度
Jython	Jython 是运行在 Java 平台上的 Python 解释器，可以直接把 Python 代码编译成 Java 字节码执行
IronPython	IronPython 和 Jython 类似，只不过 IronPython 是运行在微软.Net 平台上的 Python 解释器，可以直接把 Python 代码编译成.Net 的字节码

1.2　安装 Python 3

目前，Python 主要分为两大版本：Python 2.X 和 Python 3.X。Python 核心团队计划在 2020 年停止支持 Python 2.X，现在很多第三方模块已开始不再支持 Python 2.X 的使用。因此本书以最新版本 Python 3.7 为例，讲述如何在 Windows 下安装 Python。

首先在浏览器上输入 https://www.python.org/downloads/release/python-370/，这是 Python 安装包的下载界面。在下载界面上找到 exe 安装包的下载地址并单击下载，安装包的下载地址如图 1-1 所示。

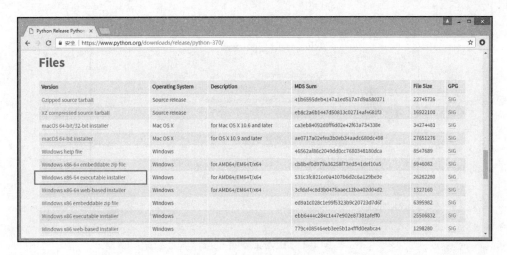

图 1-1　Python 下载地址

安装包下载完成后，在安装包所在路径打开 exe 安装包，然后勾选"Add Python 3.7 to Path"并单击"Customize installation"，如图 1-2 所示。

单击"Customize installation"将会进入"Optional Features"界面，在该界面上把全部选项勾选并单击"Next"按钮，如图 1-3 所示。

图 1-2　Python 安装界面

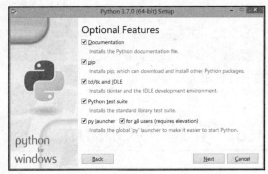

图 1-3　Optional Features 界面

从"Optional Features"界面进入到"Advanced Options"界面，将界面上的全部选项勾选后并设置 Python 的安装路径，本书将 Python 安装在 E:\Python，如图 1-4 所示。

最后单击 Install 按钮，等待程序完成安装即可。安装时间由于各个电脑与网络的差异会造成不同，只需耐心等候即可。安装完成后，打开 Windows 的命令符窗口，输入"python"并按回车键即可进入 Python 的交互模式，如图 1-5 所示。

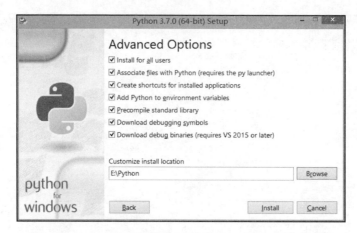

图 1-4 Advanced Options 界面

图 1-5 Python 的交互模式

至此，在 Windows 下已完成 Python 的安装。由于本书后面章节的实例主要在 Windows 下实现，所以本书不再讲述 Linux 和 MacOS 下安装 Python 的过程，有需要的读者可以自行网上搜索相关资料。

1.3 安装 PyCharm

PyCharm 是一种 Python IDE，它带有一整套可以帮助用户在使用 Python 语言开发时提高其效率的工具，比如调试、语法高亮、Project 管理、代码跳转、智能提示、自动完成、单元测试、版本控制等。此外，该 IDE 提供了一些高级功能，例如支持 Django 框架下的专业 Web 开发。

在浏览器输入下载地址 http://www.jetbrains.com/pycharm/download，可以看到 PyCharm 分别支持 Windows、Linux 和 MacOS 三大系统的使用，版本分为专业版和社区版。专业版提供了完整的功能，如专业的 Web 开发，但需要支付相应的费用；社区版完全免费使用，但只提供一些基础的开发功能。

本章以在 Windows 下安装 PyCharm 专业版为例，在官网上下载 Windows 的 PyCharm 专业版安装包，双击打开安装包，并根据安装提示完成安装过程即可。安装过程相对较为简单，本书就不做详细的介绍。

完成 PyCharm 安装后，在桌面上双击 PyCharm 的图标，将其运行启动。初次运行 PyCharm，用户进行简单的设置后会进入软件激活界面，激活方式有三种：Jetbrains 用户激活、激活码和许可服务器。如图 1-6 所示。

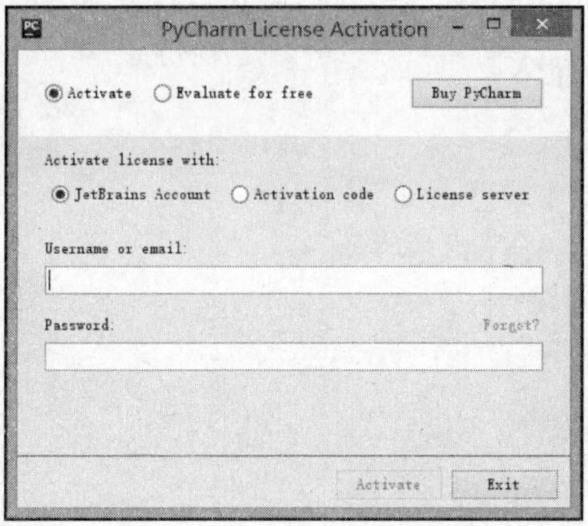

图 1-6　PyCharm 激活界面

在网络上可以通过搜索"PyCharm 破解"分别获取激活码和许可服务器来激活 PyCharm 的使用权限，但这种方式有一个时效性，时间一到又要重新激活。也可以通过安装补丁的方式实现永久使用（此处仅作教学使用，建议使用正式版），具体操作步骤如下。

在本章的源码中找到 JetbrainsCrack-2.8-release-enc.jar 文件，并存放在本地系统某个文件夹，本章将文件存放在 PyCharm 的安装目录 bin 文件夹，如图 1-7 所示。

图 1-7　bin 文件夹信息

在 bin 文件夹下找到 pycharm.exe.vmoptions 和 pycharm64.exe.vmoptions 文件，并将两个文件以记事本的方式打开，分别在最下方添加相应代码并保存文件，添加代码如下：

```
-javaagent:C:/Program Files/JetBrains/PyCharm 2018.1.4/bin/
JetbrainsCrack-2.8-release-enc.jar
```

最后运行 PyCharm，在激活界面选择 Activation code 并输入以下激活码激活，其中 licenseeName、assigneeName 和 assigneeEmail 是可以自行命名的。激活码如下所示：

```
ThisCrackLicenseId-{
"licenseId":"11011",
"licenseeName":"aa",
"assigneeName":"aa",
"assigneeEmail":"554301449@qq.com",
"licenseRestriction":"",
"checkConcurrentUse":false,
"products":[
{"code":"II","paidUpTo":"2099-12-31"},
{"code":"DM","paidUpTo":"2099-12-31"},
{"code":"AC","paidUpTo":"2099-12-31"},
{"code":"RS0","paidUpTo":"2099-12-31"},
{"code":"WS","paidUpTo":"2099-12-31"},
{"code":"DPN","paidUpTo":"2099-12-31"},
{"code":"RC","paidUpTo":"2099-12-31"},
{"code":"PS","paidUpTo":"2099-12-31"},
{"code":"DC","paidUpTo":"2099-12-31"},
{"code":"RM","paidUpTo":"2099-12-31"},
{"code":"CL","paidUpTo":"2099-12-31"},
{"code":"PC","paidUpTo":"2099-12-31"}
],
"hash":"2911276/0",
"gracePeriodDays":7,
"autoProlongated":false}
```

PyCharm 成功激活后，将会进入 PyCharm 的使用界面，如图 1-8 所示。

至此，PyCharm 的安装和激活过程已讲述完成，上述的教程可能会随着 PyCharm 版本的更新而发生细微的差异。这里通过讲述 PyCharm 的安装和激活，让初学者对 PyCharm 有初步的认识。

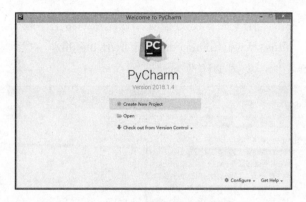

图 1-8　PyCharm 的使用界面

1.4　安装第三方模块

到此 Python 的开发环境基本上搭建完成，主要是安装 Python 和 PyCharm。在开发过程中，如果需要使用第三方模块，必须在本地系统安装该模块才能在代码中使用，否则代码在运行过程中会提示错误信息。安装第三方模块可以使用 Pip 执行安装，Pip 的安装方式有两种：在线安装和本地安装，具体安装过程说明如下：

使用 Pip 主要在 Windows 的命令提示符窗口输入安装指令即可完成，如果是其他系统可以在系统的终端输入安装指令。我们在 Windows 下打开命令提示符窗口，以安装第三方模块 requests 为例，在窗口中直接输入"pip install requests"指令，pip install 是固定的安装指令；requests 是模块名。我们只需等待指令执行完毕即可完成模块的安装，如图 1-9 所示。

图 1-9　Pip 在线安装

如果以本地安装的方式来安装第三方模块，首先从网络上下载安装包，在浏览器中输入安装包的下载地址 https://www.lfd.uci.edu/~gohlke/pythonlibs/，找到与系统相对应的模块信息，以 Mysqlclient 为例，如图 1-10 所示。

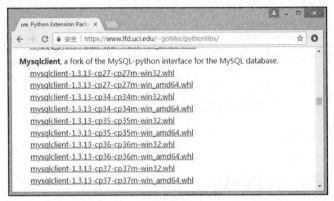

图 1-10　模块信息

以图 1-10 的 mysqlclient-1.3.13-cp37-cp37m-win_amd64(win32).whl 为例，该模块名包含以下信息：

（1）mysqlclient：模块名。

（2）1.3.13：模块的版本型号。

（3）cp37-cp37m：支持 Python 3.7 版本适用。

（4）win_amd64：支持 Windows 64 位系统使用。

（5）win32：支持 Windows 32 位系统使用。

模块下载后，在命令提示符使用 Pip 安装模块安装包，我们将安装包放置在本地 D 盘的根目录，然后输入指令"pip install D:\mysqlclient-1.3.13-cp37-cp37m-win_amd64.whl"即可完成安装，如图 1-11 所示。

图 1-11　Pip 本地安装

如果在使用 Pip 安装第三方模块的过程中，系统提示"'pip' 不是内部或外部命令，也不是可运行的程序或批处理文件"这一错误信息的时候，这是由于在安装 Python 的过程中没有勾选"Add Python 3.7 to Path"选项。

解决这一问题，只需将 Python 的装目录和 Python 安装目录\Scripts，分别添加到环境变量 Path 即可。如本书的 Python 的安装目录为 E:\Python，环境变量 Path 设置如图 1-12 所示。

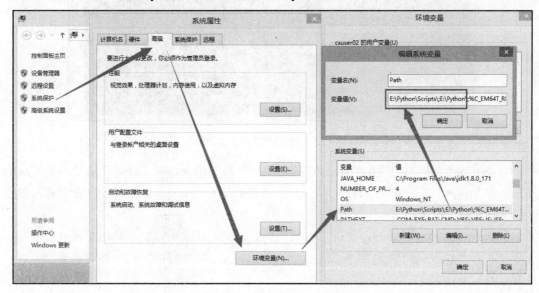

图 1-12　设置环境变量 Path

1.5　我的"Hello World"

每一门编程语言都是从"Hello World"开始，"Hello World"是由 Brian Kernighan 创建的，1978 年，Brian Kernighan 写了一本书名为《C 程序设计语言》的编程书，在程序员中广为流传。从此，"Hello World"成为每门编程语言的入门基础。

用 Python 输出"Hello World"的方式有两种：交互模式和命令行模式。两者说明如下：

（1）交互模式在第 1.2 节中已有提及，用户输入一行代码并按回车，Python 解释器就会执行这行代码。

（2）命令行模式是在 py 文件里编写代码，然后执行整个 py 文件，Python 解释器会从 py 文件中读取代码并逐行执行。

打开命令提示符窗口，然后输入"python"并按回车键，这样就会进入 Python 的交互模式。在交互模式下，输入"print('Hello World')"并按回车键，此时交互模式的窗口会返回"Hello World"，如图 1-13 所示。

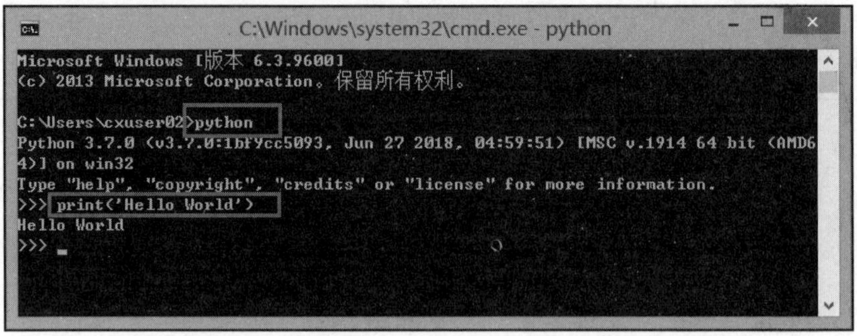

图 1-13　交互模式输出"Hello World"

如果通过命令行模式输出"Hello World"，首先创建 hw.py 文件，然后使用 PyCharm 打开文件并输入代码"print('Hello World')"。最后运行 hw.py 文件，运行方式有两种：PyCharm 和命令提示符。

在 PyCharm 中打开 hw.py 文件，输入代码后，然后在代码编辑区域内单击鼠标右键，选择并单击"Run 'hw'"，这时 PyCharm 会自动执行 hw.py 文件的代码，并将结果显示在正下方。如图 1-14 所示。

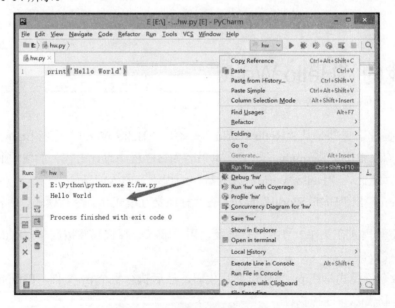

图 1-14　PyCharm 执行 py 文件

如果想在命令提示符窗口中执行 py 文件，首先启动命令提示符，然后将当前的路径切换到 hw.py 文件所在的路径，最后输入指令"python hw.py"，当前窗口会自动执行 hw.py 文件的代码。如图 1-15 所示。

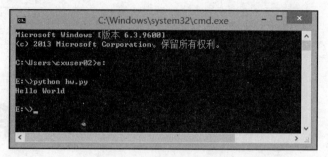

图 1-15　命令提示符执行 py 文件

在实际的开发过程中，我们开发的功能主要以命令行模式执行，而交互模式多数用于功能的调试和模块的安装验证等。

1.6　本章小结

本章介绍了 Python 的起源及其特点，并分别讲述 Windows 下如何安装 Python、PyCharm 以及第三方模块和"Hello World"入门。重点说明如下：

（1）了解 Python 的起源及其特点，特别是 Python 目前主流的解释器以及其适用范围。

（2）掌握 Python 和 PyCharm 的安装，对于 PyCharm 的使用，本书没有详细介绍，这也是开发人员需要掌握的，读者可以自行了解。

（3）第三方模块的安装主要分为在线安装和本地安装，但两者都是通过 Pip 工具完成的。

（4）"Hello World"是 Python 的入门基础，从中可了解 Python 简单的入门语法。

第 2 章

变量与运算符

本章主要介绍 Python 的变量及运算符的使用，读者要重点掌握变量的概念、命名规则和规范、深浅拷贝的区别、运算符的类型以及运算逻辑等基础知识。

2.1　变量的命名与使用

变量来源于数学，在计算机语言中能储存计算结果或表示值的抽象概念。变量可以通过变量名设定，大多数情况下，变量是可变的。在计算机编程里面，变量是非常有用的，它对每一段数据都赋给一个简短、易于记忆的名字，这个数据可以是用户输入的数据、特定运算的结果以及程序输出数据等。简而言之，变量是用于跟踪所有数据的简单工具。

Python 的变量与其他编程有所区别，如 Java 和 C#，这类编程语言需要定义变量类型才能对变量进行使用。而 Python 的变量无需定义变量类型，直接对变量赋值即可，Python 会根据变量值来自动识别变量类型。

变量类型包含了数据类型，数据类型会在第 3 章详细介绍，常用变量类型的种类有整型、字符串、浮点型、布尔型、字典和元组列表等。简单地理解，变量可以比作为一个人，而人又分为男人和女人，这里的男人和女人就相当于变量类型，是根据性别的不同进行分类的，而变量类型则是根据变量值的不同进行分类的。

了解了变量和变量类型后，接下来学习 Python 的变量如何定义及使用。我们在 PyCharm 下输入以下代码：

```
iVariable = 10
cVariable = 'Hello World'
bVariable = True
fVariable = 1.12

print('整型为：', iVariable)
print('字符串为：', cVariable)
print('布尔型为：', bVariable)
print('浮点型为：', fVariable)
```

在 PyCharm 中运行上述代码，查看代码输出结果，如图 2-1 所示。

```
Connected to pydev debugger (build 181.5087.37)
整型为：  10
字符串为：  Hello World
布尔型为：  True
浮点型为：  1.12

Process finished with exit code 0
```

图 2-1 输出结果

上述代码中，我们分别定义了 4 个不同类型的变量，比如变量 iVariable，变量首个字母 i 代表变量类型为整型（int），Variable 代表变量。变量命名一般遵从以下规则：

（1）变量名只能是字母（A-Z,a-z）、数字（0-9）或下划线。

（2）第一个字母不能是数字，例如 2Variable，这不是一个合法的变量。

（3）不能是 Python 关键字，例如不能用 class 这个单词来命名一个变量。

（4）区分大小写，例如 iA 和 ia 是两个不同的变量。

理论上，在遵守了上面几条规则的前提下，所命名的变量都是合法的，有时变量命名尽管是合法的，但可读性非常差也不可取，所以，在实际编程中，变量命名往往都有自己的一个命名规范，本书介绍一种常见的命名规范：

（1）一个单词作为变量时，单词首个字母建议大写，并在单词最前方添加变量类型，如上述的 iVariable。

（2）如果变量由多个单词组成，每个单词首个字母大写，单词直接拼接并在单词最前方添加变量类型，如 iMyVariable。

（3）如果不想在变量前添加变量类型，变量首个字母为小写，若有多个单词拼接，则拼接的单词首个字母为大写，如 variable 或 myVariable。

了解了变量的命名后，下一步我们来介绍变量的使用。从上述代码中，我们将变量值进行输出，这个输出过程就是变量的使用。每个变量在使用前都必须赋值，变量赋值以后该变量才会被创建。比如执行"print('变量为：', variable)"这一行代码，程序执行时会提示错误信息"NameError: name 'variable' is not defined"，这是由于变量 variable 没有赋值，所以程序执行过程中并没有创建变量 variable 而提示 variable 没有被定义的错误信息。

Python 还支持多个变量同时赋值，多变量赋值主要有两种方式，第一种赋值方式是首先创建一个整型对象，其值为 1，然后对变量 a、b、c 进行赋值；第二种赋值方式是分别创建三个不同类型的对象，然后分别赋值给变量 d、e、f。代码如下：

```
# 方式一
a = b = c = 1
print('a is', a)
print('b is', b)
print('c is', c)
# 方式二
d, e, f = 10, 'hello', True
print('d is', d)
print('e is', e)
print('f is', f)
```

变量的命名与使用相对较为简单，读者只需掌握变量的命名规则以及使用方式即可。最后上述提及到不能使用 Python 关键字作为变量名，Python 中共有 33 个关键字，这些关键字都不可当作变量名来使用，如表 2-1 所示。

表 2-1　Python 关键字

False	True	None	class	Type	and
def	Del	if	elif	Else	as
break	Continue	for	from	Import	in
pass	Not	is	or	Return	try
except	While	assert	finally	Nonlocal	lambda
raise	With	yield			

2.2　变量的深浅拷贝

变量的拷贝是对变量进行数据处理的时候，为了保留数据处理前的变量而重新定义新的变量，简单来说，就是将一个变量的数据复制到另外一个变量里。我们可以通过代码的形式加以说明：

```
a = 'hello World'
b = a
print(b)
# 程序输出 hello World
```

通过 b=a 这种方式将字符串"hello World"分别赋值给变量 a 和变量 b。变量的拷贝主要分为浅拷贝和深拷贝，这两种拷贝方式主要用于数据类型为列表和字典的变量。

在第 2.1 节中，我们提到数据类型主要有整型、字符串、浮点型、布尔型、字典和元组列表等。本节以列表为例，列表可以理解为队列，如现实生活中的排队购票，这个队伍可理解为 Python 的列表，而队伍中每一个人可理解为列表的元素。

现在将列表以代码的形式表示，并由变量 list_1 表示，然后通过浅拷贝的方式赋值给 list_2，最后修改 list_2 的某个元素，观察变量 list_1 和 list_2 的具体变化。代码如下：

```
# import 是 Python 里面导入功能模块，此处会在后续章节讲述
import copy
# 生成 list_1 列表，列表有 4 个元素
list_1 = [1, 2, 'a', 3]
# 通过浅拷贝的方式赋值给变量 list_2
list_2 = list_1
# copy.copy 是函数方法，该函数来自 import copy 的导入
# list_2 = copy.copy(list_1)
# 修改变量 list_2 某个元素的值
list_2[2] = 'b'
# 分别输出 list_1 和 list_2，观察变化
print(list_1)
print(list_2)
```

上述代码涉及到列表的使用、功能模块的导入和函数的调用，这些都是 Python 的基础语法之一，具体的使用说明会在后续的章节中详细讲述。本节主要讲述变量 list_1 的值为列表或字典的时候，通过 list_2=list_1 的浅拷贝，当某个变量的列表元素发生变化时，观察

另外一个变量的变化情况。上述代码的输出结果如图 2-2 所示。

```
[1, 2, 'b', 3]
[1, 2, 'b', 3]
```

图 2-2　变量浅拷贝的输出结果

从图中可以看到，如果变量 a 是一个列表或字典，并且通过浅拷贝的方式生成变量 b，当其中一个变量发生改变时，另外一个变量也会随之变化。

在上述条件下，如果其中一个变量发生改变，另外一个变量不会随之变化，这样可以使用深拷贝的方式实现。根据上述代码进行简单的修改即可实现，代码如下：

```python
import copy
list_1 = [1, 2, 'a', 3]
# 变量 list_1 深拷贝到变量 list_2
list_2 = copy.deepcopy(list_1)
# 修改变量 list_2 某个值
list_2[2] = 'b'
# 分别输出 list_1 和 list_2，观察变化
print(list_1)
print(list_2)
```

将上述代码运行输出，查看变量 list_1 和变量 list_2 的变化情况，从输出结果可以看到，当修改变量 list_2 某个元素的时候，变量 list_1 不会发生任何变化。输出结果如图 2-3 所示。

```
[1, 2, 'a', 3]
[1, 2, 'b', 3]
```

图 2-3　变量深拷贝的输出结果

本节主要讲述变量深浅拷贝的使用，深浅拷贝只适用于变量值为列表或字典的变量，在日常开发中，开发者常常会由于一时大意而忽略深浅拷贝的区别，导致程序出现错误而无法查明原因，因此读者要明确区分深浅拷贝的差异。

2.3　运算符的使用

编程里面的运算符就好比我们数学里面的加减乘除等运算法则，每一种编程语言的运算符是大同小异的。Python 支持以下类型的运算符。

- 算术运算符：计算两个变量的加减乘除等计算法则。
- 比较（关系）运算符：比较两个变量的大小情况。
- 赋值运算符：先计算后赋值到新的变量。
- 逻辑运算符：与或非的逻辑判断。
- 位运算符：把数值看成二进制来进行计算。
- 成员运算符：判断字符串、元组、列表或字典中是否含有成员。
- 身份运算符：用于比较两个对象的存储单位，比如判断变量a和b在计算机的内存地址是否一致。

2.3.1 算术运算符

算术运算符也就是我们常说的加减乘除法则，主要在程序里实现简单的运算。Python 的算术运算符如表 2-2 所示。

表 2-2　Python 的算术运算符

运算符	描　　述	实　　例
+	加法，两个对象相加	x = 2 + 3，x 的值为 5
-	减法，两个对象相减或者用于负数的表示	x = 2 −3，x 的值为-1
*	乘法，两个数相乘	x = 2 * 3，x 的值为 6
/	除法	x = 9 / 2，x 的值为 4.5
%	取模，获取除法中的余数	x = 9 % 2，x 的值为 1
**	幂，求出几个相同因数的积	x = 2 ** 3，x 的值为 8
//	取整，获取除法中的整数	x = 9 // 2，x 的值为 4

根据上述算术运算符，下面通过实例演示 Python 算术运算符的具体操作，代码如下：

```
x = 8
y = 5
print('加法运算符：', x+y)
print('减法运算符：', x-y)
print('乘法运算符：', x*y)
print('除法运算符：', x/y)
print('取模运算符：', x%y)
print('幂运算符：', x**y)
print('取整运算符：', x//y)
```

在 PyCharm 上运行上述代码，运行结果如图 2-4 所示。

```
加法运算符： 13
减法运算符： 3
乘法运算符： 40
除法运算符： 1.6
取模运算符： 3
幂运算符： 32768
取整运算符： 1
```

图 2-4 算术运算符的输出结果

2.3.2 比较运算符

比较（关系）运算符是比较两个变量之间的大小关系，而且两个变量的数据类型必须相同，比较结果以 True 或者 False 返回。Python 的比较（关系）运算符如表 2-2 所示。

表 2-3 Python 的比较（关系）运算符

运 算 符	描　　　　述	实　　例
==	等于，比较两个对象是否相等	2 == 3，比较结果为 False
!=	不等于，比较两个对象是否不相等	2 != 3，比较结果为 True
>	大于	2 > 3，比较结果为 False
<	小于	2 < 3，比较结果为 True
>=	大于等于	2 >= 3，比较结果为 False
<=	小于等于	2 <= 3，比较结果为 True

我们将通过代码来进一步讲述比较（关系）运算符的具体操作，代码如下：

```python
x = 2
y = 3
print('等于运算符：', x==y)
print('不等于运算符：', x!=y)
print('大于运算符：', x>y)
print('小于运算符：', x<y)
print('大于等于运算符：', x>=y)
print('小于等于运算符：', x<=y)
```

上述代码设置变量 x 和 y，然后通过比较（关系）运算符将两变量进行对比并将对比结果输出。在 PyCharm 中运行代码，运行结果如图 2-5 所示。

```
等于运算符：False
不等于运算符：True
大于运算符：False
小于运算符：True
大于等于运算符：False
小于等于运算符：True
```

图 2-5　比较运算符的输出结果

2.3.3　赋值运算符

赋值运算符是算术运算符的一个特殊使用，其实质是两个变量进行算术运算并将运算结果重新赋值到其中一个变量里。Python 的赋值运算符如表 2-3 所示。

表 2-4　Python 的赋值运算符

运　算　符	描　　　述	实　　　例
=	简单的赋值运算符	c = a + b 将 a + b 的运算结果赋值为 c
+=	加法赋值运算符	c += a 等效于 c = c + a
-=	减法赋值运算符	c -= a 等效于 c = c - a
*=	乘法赋值运算符	c *= a 等效于 c = c * a
/=	除法赋值运算符	c /= a 等效于 c = c / a
%=	取模赋值运算符	c %= a 等效于 c = c % a
**=	幂赋值运算符	c **= a 等效于 c = c ** a
//=	取整赋值运算符	c //= a 等效于 c = c // a

根据上述的赋值运算符，我们通过代码的形式加以实现。由于每次赋值运行后，变量 x 的数值会发生变化，因此执行下次赋值运算时必须重设变量 x 的数值。具体代码如下：

```
x = 5
y = 2
print('简单的赋值运算符：', x+y)
x += y
print('加法赋值运算符：', x)
x = 5
x -= y
print('减法赋值运算符：', x)
x = 5
x *= y
```

```
print('乘法赋值运算符：', x)
x = 5
x /= y
print('除法赋值运算符：', x)
x = 5
x %= y
print('取模赋值运算符：', x)
x = 5
x **= y
print('幂赋值运算符：', x)
x = 5
x //= y
print('取整赋值运算符：', x)
```

每次执行赋值运算的时候，变量 x 和 y 的值都是 5 和 2 进行计算并赋值给变量 x，可以通过输出结果检测赋值计算是否正确。上述代码在 PyCharm 中运行，运行结果如图 2-6 所示。

```
简单的赋值运算符：  7
加法赋值运算符：  7
减法赋值运算符：  3
乘法赋值运算符：  10
除法赋值运算符：  2.5
取模赋值运算符：  1
幂赋值运算符：  25
取整赋值运算符：  2
```

图 2-6　赋值运算符的输出结果

2.3.4　逻辑运算符

逻辑运算符是将多个条件进行与或非的逻辑判断，这种类型的运算符常用于 Python 的条件判断。条件判断会在第 4 章详细讲述，现在首先了解与或非的逻辑判断，具体说明如表 2-4 所示。

表 2-5　Python 的逻辑运算符

运 算 符	描　　述	实　　例
And（与）	如 x and y，若 x 或 y 为 False，则返回 False 若 x 和 y 皆为 True，则返回 True 若 x 和 y 皆为数字，则返回最大的数值	False and 10，返回 False True and True，返回 True 10 and 20，返回 20

（续表）

运 算 符	描　　述	实　　例
Or（或）	如 x or y，若 x 或 y 为 True，则返回 True 若 x 和 y 皆为 False，则返回 False 若 x 和 y 皆为数字，则返回最小的数值	False or 10，返回 10 False or True，返回 True 10 or 20，返回 10
Not（非）	如 not x，若 x 为 True，则返回 False 若 x 为 False，则返回 True	not False，返回 True not True，反正 False

　　逻辑运算符的与或非需要两个对象进行逻辑判断，这两个对象可以是任意的数据类型。读者有兴趣的话，可以自行研究多种数据类型组合的逻辑判断结果。我们通过代码简单演示逻辑运算符，代码如下：

```
x = False
y = 'a'
print('与运算符：', x and y)
print('或运算符：', x or y)
print('非运算符：', not x)
```

　　变量 x 和 y 的数据类型分别为布尔型和字符串，逻辑运算符会首先判断对象的真假性，如变量 y，如果是空的字符串，则返回 False，非空的字符串就返回 True，同理，元组、列表和字典与字符串的判断逻辑是相同的；最后根据两个对象的真假执行与或非的逻辑判断。将上述代码在 PyCharm 里运行，运行结果如图 2-7 所示。

```
与运算符：False
或运算符：a
非运算符：True
```

图 2-7　逻辑运算符的输出结果

2.3.5　位运算符

　　位运算符是将数值转换为二进制进行计算，我们无需将数值转换二进制，只需对数值使用位运算符，Python 会自动将数值转换二进制计算并将计算结果转换成十进制。位运算符如表 2-6 所示。

表 2-6　Python 的位运算符

运算符	描　　述	实　　例
&	按位与运算符。参与运算的两个值，如果两个相应位都为 1，则该位的结果为 1，否则为 0	(60 & 13) 输出结果 12，二进制为 0000 1100

（续表）

运算符	描　述	实　例
|	按位或运算符。只要对应的二个二进位有一个为 1 时，结果就为 1	(60 | 13) 输出结果 61，二进制为 0011 1101
^	按位异或运算符。当两对应的二进位相异时，结果为 1	(60 ^13) 输出结果 49，二进制为 0011 0001
~	按位取反运算符。对数据的每个二进制位取反，即把 1 变为 0，把 0 变为 1	(~60) 输出结果 -61，二进制为 1100 0011
<<	左移动运算符。将二进位全部左移若干位，由"<<"右边的数指定移动的位数，高位丢弃，低位补 0	60 << 2 输出结果 240，二进制为 1111 0000
>>	右移动运算符。将二进位全部右移若干位，由">>"右边的数指定移动的位数	60 >> 2 输出结果 15，二进制为 0000 1111

我们通过代码的形式来讲述位运算符的具体使用方式，代码如下：

```python
x = 60
y = 13
print('&运算符: ', x & y)
print('|运算符: ', x | y)
print('^运算符: ', x ^ y)
print('~运算符: ', ~x)
print('<<运算符: ', x << 2)
print('>>运算符: ', x >> 2 )
```

二进制数据是用 0 和 1 来表示的数值。它的基数为 2，进位规则是逢二进一，借位规则是借一当二。由于 Python 是解释性编程语言，因此位运算符在实际开发中使用频率相对较少，读者可做了解。在 PyCharm 中运行上述代码，运行结果如图 2-8 所示。

```
&运算符：  12
|运算符：  61
^运算符：  49
~运算符：  -61
<<运算符：  240
>>运算符：  15
```

图 2-8　位运算符的输出结果

2.3.6　成员运算符

成员运算符主要是判断字符串、元组、列表或字典里是否包含某个成员，返回结果以 True 或 False 表示。Python 的成员运算符如表 2-6 所示。

表 2-7 成员运算符

运 算 符	描 述	实 例
In	如果在指定的序列中找到值，返回 True，否则返回 False	若 x 在 y 序列中，则返回 True,否则返回 False
not in	如果在指定的序列中没有找到值，返回 True，否则返回 False	若 x 在 y 序列中，则返回 False，否则返回 True

我们以字符串和列表来演示成员运算符的操作，具体代码如下：

```
x = 'hello world'
y = [1, 2, 3, 4]
print('in 运算符: ', 'hello' in x)
print('not in 运算符: ', 2 not in y)
```

上述代码在 PyCharm 中运行，运行结果如图 2-9 所示。

```
in运算符: True
not in运算符: False
```

图 2-9 成员运算符的输出结果

2.3.7 身份运算符

身份运算符是比较两个对象的存储单位是否一致，两个对象可以为任意的数据类型、函数和类等任意形式。Python 的身份运算符如表 2-8 所示。

表 2-8 Python 的身份运算符

运 算 符	描 述	实 例
Is	判断两个变量是不是引用自一个对象	如果引用的是同一个对象则返回 True，否则返回 False
is not	判断两个变量是不是引用自不同对象	如果引用的不是同一个对象则返回结果 True,否则返回 False

如果两个变量的值是完全相同的，则说明这两个变量是来自同一个对象，否则是来自不同对象。我们通过代码的形式来加以说明，代码如下：

```
x = 10
y = 10
print('is 运算符: ', x is y)
```

```
y = 20
print('is not 运算符: ', x is not y)
```

当变量 x 和 y 的值相同的时候，则两者是引用同一个对象，使用 is 运算符输出的结果为 True；若改变变量 y 的值，两个变量就各自引用不同的对象，使用 is not 运算符将输出的结果为 True。运行结果如图 2-10 所示。

```
is运算符: True
is not运算符: True
```

图 2-10　身份运算符的输出结果

2.3.8　运算符的优先级

运算符的优先级别是指在一个 Python 语句里，若包含两种或以上的运算符，运算符会根据优先级高低依次执行运算顺序。表 2-8 从高到低列出了所有运算符的优先级。

表 2-9　运算符的优先级

运　算　符	描　　述
**	指数（算术运算符）
~ + -	按位取反运算符（位运算符）、加号（代表正数）、减号（代表负数）
* / % //	乘、除、取模和取整除（算术运算符）
+ -	加法、减法（算术运算符）
>> <<	右移，左移运算符（位运算符）
&	位运算符
^ |	位运算符
<= < > >=	比较运算符
<> == !=	比较运算符
= %= /= //= -= += *= **=	赋值运算符
is is not	身份运算符
in not in	成员运算符
not or and	逻辑运算符

2.4　本章小结

本章主要讲述变量的命名与使用、变量的深浅拷贝以及运算符的使用。在讲述这三个知识点的时候，涉及到 Python 的数据类型，如数字、字符串、布尔型、元组、列表和字典等。对于初学者来说，Python 的数据类型有点陌生，通过本章的学习，读者有个大致的了解即可。

变量的命名需要遵循变量的命名规则；而变量的使用首先对变量直接赋值，通过赋值相当于对变量进行定义和声明其数据类型。如果对已有的变量重新赋值，则表示对变量重新进行定义和声明。

变量的深浅拷贝分为深拷贝和浅拷贝，只适用于变量值为列表或字典的变量。读者要掌握深拷贝和浅拷贝的区别以及两者的拷贝方式。

Python 的运算符共有 7 类，分别为：

- 算术运算符：计算两变量的加减乘除等计算法则。
- 比较（关系）运算符：比较两个变量的大小情况。
- 赋值运算符：先计算后赋值到新的变量。
- 逻辑运算符：与或非的逻辑判断。
- 位运算符：把数值看成二进制来进行计算。
- 成员运算符：判断字符串、元组、列表或字典中是否含有成员。
- 身份运算符：用于比较两个对象的存储单位，比如判断变量a和b在计算机内存地址是否一致。

不同的运算符有不同的优先级别，掌握运算符的优先级别是编写高质代码的基础。

第3章
数据类型

本章主要讲述 Python 的数据类型，包括:数字、字符串、元组、列表、集合和字典。阐述每种数据类型的数据格式和使用方法及其各种数据类型之间的相互转换方法。

3.1 数字的类型及转换

在第 2 章，我们已经提及到数字这一数据类型，其主要以阿拉伯数字的形式表示。数字可以细分为整型、浮点型、布尔型和复数，具体说明如下:

（1）整型是没有小数点的数值。

（2）浮点型是带有小数点的数值。

（3）布尔型以 True 和 False 表示，实质分别为 1 和 0，为区分整型的 1 和 0，而改为 True 和 False。

（4）复数是由一个实数和一个虚数组合构成，可以用 x+yj 或者 complex(x,y)表示。

现在通过代码的形式表示这 4 种数据类型，代码如下:

```
a = 10
b = 5.5
c = False
d = 2 + 3j
```

```
print(type(a), type(b), type(c), type(d))
# 输出结果为：<class 'int'> <class 'float'> <class 'bool'> <class 'complex'>
```

我们可以使用特定的方法将4种数据类型进行相互转换，具体通过代码的形式加以说明：

```
a = 10
b = 5.5
c = False
d = 2 + 3j
print(type(a), type(b), type(c), type(d))

# 整型分别转成浮点型、布尔型和复数
print('整型转浮点型：', float(a))
print('整型转布尔型：', bool(a))
print('整型转复数：', complex(a))

# 浮点型分别转成整型、布尔型和复数
print('浮点型转整数：', int(b))
print('浮点型转布尔型：', bool(1.0))
print('浮点型转复数：', complex(b))

# 布尔型分别转成整型、浮点型和复数
print('布尔型转整数：', int(c))
print('布尔型转浮点型：', float(c))
print('布尔型转复数：', complex(c))

# 复数只能转换布尔型
print('复数转布尔型：', bool(d))
```

上述代码中，整型、浮点型和布尔型是可以相互转换的，而复数就只能转换为布尔型，不支持整型和浮点型的转换。代码的输出结果如图 3-1 所示。

```
<class 'int'> <class 'float'> <class 'bool'> <class 'complex'>
整型转浮点型：10.0
整型转布尔型：True
整型转复数：(10+0j)
浮点型转整数：5
浮点型转布尔型：True
浮点型转复数：(5.5+0j)
布尔型转整数：0
布尔型转浮点型：0.0
布尔型转复数：0j
复数转布尔型：True
```

图 3-1　数据类型的转换结果

3.2 字符串的定义及使用

3.2.1 字符串的定义

字符串（String）是由数字、字母、下划线组成的一串字符，它是编程语言中表示文本的数据类型，主要用于编程、概念说明和函数解释等。字符串在存储上类似字符数组，所以每一位的单个元素都可以提取。

Python 的字符串可以用单引号、双引号或三引号来表示。如果字符串中含有单引号，可以使用双引号或三引号来表示字符串；如果字符串中含有双引号，可以使用单引号或三引号表示字符串；如果字符串中含有单引号和双引号，可以使用转义字符或三引号表示字符串。我们通过代码的形式加以说明，代码如下：

```python
# 单引号、双引号和三引号的表示方式
a = "Hello Python"
b = 'Hello Python'
c = """Hello Python"""
# 字符串含义双引号的表示方式
d = 'Hello "Python"'
e = """hello "I" love Python"""
# 字符串含义单引号的表示方式
f = "Hello 'I' love Python"
g = """Hello 'I love' Python"""
# 字符串含义单引号和双引号的表示方式
h = """Hello "I" 'love' Python"""
i = 'Hello "I" \'love\' Python'
j = "Hello \"I\" \'love\' Python"
```

转义字符是一种特殊的字符常量，它是以反斜线"\"开头，后面跟一个或几个字符。转义字符具有特定的含义，用于区别字符原有的意义，故称转义字符。Python 常用的转义字符如表 1-9 所示。

表 3-1　Python 转义字符

转 义 字 符	意　　义
\a	响铃（BEL）
\b	退格（BS），将当前位置移到前一列

（续表）

转义字符	意　　义
\f	换页（FF），将当前位置移到下页开头
\n	换行（LF），将当前位置移到下一行开头
\r	回车（CR），将当前位置移到本行开头
\t	水平制表（HT）（跳到下一个 TAB 位置）
\v	垂直制表（VT）
\\	代表一个反斜线字符'\'
\'	代表一个单引号字符
\"	代表一个双引号字符
\?	代表一个问号
\0	空字符（NULL）
\ooo	1 到 3 位八进制数所代表的任意字符
\xhh	1 到 2 位十六进制所代表的任意字符

现在，我们对字符串的定义已有一定的了解，接下来学习字符串的操作。字符串操作需要依赖特定的函数方法才能实现，常用的字符串操作有截取、替换、查找、分割和拼接。

3.2.2　字符串截取

截取格式为：

字符串 [开始位置：结束位置：间隔位置]

开始位置是 0，正数代表从左边位置开始，负数代表从右边位置开始，默认代表从 0 开始。结束位置是被截取的字符串位置，空值默认取到字符串尾部。间隔位置默认为 1，截取的内容不做处理；如果设置为 2，就将截取的内容再隔一取数。

示例如下：

```
# 字符串截取
str = 'ABCDEFG'
# 截取第一位到第三位的字符
print('截取第一位到第三位的字符: ' + str[0:3:])
# 截取字符串的全部字符
print('截取字符串的全部字符: ' + str[::])
# 截取第七个字符到结尾
print('截取第七个字符到结尾: ' + str[6::])
```

```
# 截取从头开始到倒数第三个字符之前
print('截取从头开始到倒数第三个字符之前: ' + str[:-3:])
# 截取第三个字符
print('截取第三个字符: ' + str[2])
# 截取倒数第一个字符
print('截取倒数第一个字符: ' + str[-1])
# 与原字符串顺序相反的字符串
print('与原字符串顺序相反的字符串: ' + str[::-1])
# 截取倒数第三位与倒数第一位之前的字符
print('截取倒数第三位与倒数第一位之前的字符: ' + str[-3:-1:])
# 截取倒数第三位到结尾
print('截取倒数第三位到结尾: ' + str[-3::])
# 逆序截取
print('逆序截取: ' + str[:-5:-3])
```

3.2.3 字符串替换

替换方法为:

```
字符串.replace('被替换内容', '替换后内容')
```

要注意的是,使用 replace 替换字符串后仅为临时变量,需重新赋值才能保存。
示例如下:

```
str = 'ABCABCABC'
# 单个内容替换
print(str.replace('C', 'V'))
# 输出内容: ABVABVABV

# 字符串替换
print(str.replace('BC', 'WV'))
# 输出内容: AWVAWVAWV
# 替换成特殊符号(空格)
print(str.replace('BC', ' '))
# 输出内容: A A A
```

3.2.4 字符串查找元素

查找方法为:

```
字符串.find('要查找的内容' [, 开始位置,结束位置])
```

　　开始位置和结束位置表示要查找的范围，若为空值，则表示查找所有。找到目标后会返回目标第一位内容所在的位置，位置从 0 开始算，如果没找到，就返回-1。

　　示例如下：

```
str = 'ABCDABC'
# 查找全部
print(str.find('A'))
# 输出内容: 0

# 从字符串第 4 个开始查找
print(str.find('A', 3))
# 输出内容: 4

# 从字符串第 2 个到第 6 个开始查找，即从'BCDAB'中查找'C'
print(str.find('C', 1, 5))
# 输出内容: 2

# 查找不存在的内容
print(str.find('E'))
# 输出内容: -1
```

　　除了使用 find 函数查找字符串中某个内容，使用 index 函数也能实现同样的功能。index 是在字符串里查找子串第一次出现的位置，类似于字符串的 find 方法，如果查找不到子串，就会抛出异常，而不是返回-1。

　　示例如下：

```
str = 'ABCDABC'
# 查找全部
print(str.index('A'))
# 输出内容: 0

# 从字符串第 4 个开始查找
print(str.index('A', 3))
# 输出内容: 4

# 从字符串第 2 个到第 6 个开始查找
print(str.index('C', 1, 5))
# 输出内容: 2

# 查找不存在的内容
print(str.index('E'))
# 输出内容: ValueError: substring not found
```

3.2.5 字符串分割

分割方法为：

```
字符串.split('分割符',分割次数)
```

如果存在分割次数，就仅分割成"分割次数+1"个子字符串；如果为空，就默认全部分割。分割后，返回结果以列表表示。

示例如下：

```
str = 'ABCDABC'
# 分割全部
print(str.split('B'))
# 输出内容：['A', 'CDA', 'C']
# 分割一次
print(str.split('B', 1))
# 输出内容：['A', 'CDABC']
```

3.2.6 字符串拼接

字符串拼接有 5 种实现方式，使用加号拼接、使用逗号拼接、直接拼接、格式化拼接和 join 方法拼接。具体的拼接方式如下所示：

```
str = 'Hello Python'
print('第一种方式通过加号形式拼接：' + str)
print('第二种方式通过逗号形式拼接：' , str)
print('第三种方式通过直接拼接形式：''Hello'' Python')
print('第四种方式通过格式化形式拼接：' + '%s' %(str))
str_list = ['Hello', 'Python']
str = ' '.join(str_list)
print('第五种方式通过 join 形式拼接：' + str)
```

3.3 元组与列表

元组和列表是两个非常相似的亲兄弟，两者在表现形式上有所不同，其最大的区别的是元组在定义之后无法修改，只能读取，而列表则支持修改和读取。在第 2 章曾经讲过，列表好比人们排队购票，队伍中的每个人就如列表里面的每个元素，元组也是如此。

　　元组使用小括号来定义，而列表使用中括号来定义。元组列表里面的元素可以是任意的数据类型，每个元素之间使用英文逗号隔开；如果元组和列表中没有元素，说明这是一个空的元组或列表。下面我们在代码中分别定义元组和列表：

```
tuple_1 = (1, 'Python', False, 5.5, (1, 2, 4), ['Hello', 3])    （元组）
list_1 = [1, 'Python', False, 5.5, (1, 2, 4), ['Hello', 3]]     （列表）
```

　　从元组和列表的定义来看，两者的元素是一致的，元素的数据类型可以是整型、字符串、布尔型、浮点型、元组和列表。如果元素是一个元组或列表，那么这是一种嵌套模式，这种模式在日常的开发中很常见。值得注意的是，如果定义元组的时候，只有一个元素，则必须在元素后加逗号，否则 Python 会将小括号视为运算法则的小括号，如(1,)。

　　定义了元组和列表之后，接下来我们介绍如何对元组列表进行操作处理。元组和列表的读取操作是通过下标索引进行定位读取，下标索引是从 0 开始，代表是第一个元素。根据上述定义的 tuple_1 和 list_1，具体的读取方法如下：

```
# 读取 tuple_1 的元素
print('读取元组第一个元素：', tuple_1[0])
print('读取元组第二个元素：', tuple_1[1])
print('读取元组倒数第二个元素：', tuple_1[-2])
print('读取元组倒数第一个元素：', tuple_1[-1])
# 读取 list_1 的元素
print('读取列表第一个元素：', list_1[0])
print('读取列表第二个元素：', list_1[1])
print('读取列表倒数第二个元素：', list_1[-2])
print('读取列表倒数第一个元素：', list_1[-1])
```

　　下标索引从 0 开始并以正数方式表示，代表从元组列表的左边开始读取；如果下标索引以负数表示，代表从元组列表的右边开始读取。上述代码运算结果如图 3-2 所示。

```
读取元组第一个元素：  1
读取元组第二个元素：  Python
读取元组倒数第二个元素：  (1, 2, 4)
读取元组倒数第一个元素：  ['Hello', 3]
读取列表第一个元素：  1
读取列表第二个元素：  Python
读取列表倒数第二个元素：  (1, 2, 4)
读取列表倒数第一个元素：  ['Hello', 3]
```

图 3-2　元组列表的读取结果

除了读取某个元素值，还可以读取元组和列表中的连续几个元素，并将其生成一个新的元组或列表。简单理解就是将元组或列表进行切块读取，切块后的数据以原有的数据类型表示，具体实现代码如下：

```python
# 读取 tuple_1 的部分元素
print('读取元组第一个到第四个元素：', tuple_1[0:4])
print('读取元组倒数第四个到倒数第一个元素：', tuple_1[-4:-1])
print('获取元组倒数第四个到倒数第一个元素并隔一读取：', tuple_1[-4:-1:2])
# 读取 list_1 的部分元素
print('读取列表第一个到第四个元素：', list_1[0:4])
print('读取列表倒数第四个到倒数第一个元素：', list_1[-4:-1])
print('获取列表倒数第四个到倒数第一个元素并隔一读取：', list_1[-4:-1:2])
```

从上述的代码可以发现，元组列表的切换读取与字符串的截取方法是十分相似的，两者实质都是同一个方法，只不过对象的数据类型有所不同而已。上述代码运算结果如图3-3 所示。

```
读取元组第一个到第四个元素：  (1, 'Python', False, 5.5)
读取元组倒数第四个到倒数第一个元素：  (False, 5.5, (1, 2, 4))
获取元组倒数第四个到倒数第一个元素并隔一读取：  (False, (1, 2, 4))
读取列表第一个到第四个元素：  [1, 'Python', False, 5.5]
读取列表倒数第四个到倒数第一个元素：  [False, 5.5, (1, 2, 4)]
获取列表倒数第四个到倒数第一个元素并隔一读取：  [False, (1, 2, 4)]
```

图 3-3　元组列表的切块读取结果

除了通过下标索引来读取元组和列表，此外还能通过元素值来找到相应的下标索引、统计元素值的出现次数、判断元素是否存在元组或列表以及获取元组和列表的总长度。这都是一些日常开发中最为常用的方法，实现方法如下：

```python
tuple_1 = (1, 'Python', False, 5.5, (1, 2, 4), ['Hello', 3], 'Python')
list_1 = [1, 'Python', False, 5.5, (1, 2, 4), ['Hello', 3]]


# 通过元素值查找下标索引
# 默认搜索整个元组，并返回元素 Python 第一次出现的下标索引
print('元组的元素 Python 的下标索引为：', tuple_1.index('Python'))
# 在 index 设置 4，7 是将元组定位到第 4 个到第 7 个元素区间
# 然后在这个区间查找元素值 Python 的下标索引
print('元组第二个元素的下标索引为：', tuple_1.index('Python', 4, 7))
print('列表的元素值(1, 2, 4)的下标索引为：', list_1.index((1, 2, 4)))
```

```
# 统计元素的出现次数
print('元组的元素出现次数为：', tuple_1.count('Python'))

# 判断元素值是否存在元组或列表中
print('元组是否存在元素 Python：', 'Python' in tuple_1)
print('列表是否存在元素 love：', 'love' in list_1)

# 获取元组和列表的总长度
print('元组的总长度为：', len(tuple_1))
print('列表的总长度为：', len(list_1))
```

代码主要对元组或列表使用 index 函数、count 函数、in 运算符和 len 函数即可实现下标索引查找、元素值的出现次数、元素值的存在判断以及元组和列表长度获取。运行结果如图 3-4 所示。

```
元组的元素Python的下标索引为：  1
元组第二个元素的下标索引为：  6
列表的元素值(1，2，4)的下标索引为：  4
元组的元素出现次数为：  2
元组是否存在元素Python：  True
列表是否存在元素love：  False
元组的总长度为：  7
列表的总长度为：  6
```

图 3-4　元组和列表的常用函数输出结果

上述内容主要讲述元组和列表的读取方式以及常用查询方式，下一步是对列表进行修改处理。列表的修改方式有修改元素、添加元素和删除元素。具体的修改方式通过以下代码来加以讲述：

```
list_1 = [1, 'Python', False, 5.5, (1, 2, 4), ['Hello', 3]]

# 通过下标索引修改某个元素值
list_1[1] = 'Love Python'
print('下标索引修改元素值：', list_1)

# 添加元素有四种方法：append 函数、extend 函数、insert 函数、列表相加
# append 是在列表的末端追加元素，将列表作为一个整体进行追加
list_1.append('Hello')
print('append 函数：', list_1)
```

```
# extend 是将列表中每个元素分别添加到另一个列表中。
# 如添加"World"字符串，则将字符串生成列表['World']，然后连接到列表 list_1
list_1.append('World')
print('extend 函数：', list_1)

# insert 是在指定的下标索引前面添加元素，如第三个元素前面添加"Love"字符串
list_1.insert(2, 'love')
print('insert 函数：', list_1)

# 列表相加将两个 list 相加，并生成一个新的 list 对象
list_2 = [1, 2, 3]
list_3 = list_1 + list_2
print('列表相加：', list_3)

# 通过元素值删除元素，如删除元素值 False 的元素
list_1.remove(False)
print('通过元素值删除元素：', list_1)

# 通过下标索引删除元素，如删除最后一个元素
list_1.pop(-1)
print('通过下标索引删除元素：', list_1)

# del 函数删除元素
# 通过下标索引删除，如删除第二个元素
del list_1[1]
print('del 删除元素方法 1：',list_1)

# 通过范围区间删除，如删除第一个到第三个的元素
del list_1[0:2]
print('del 删除元素方法 2：',list_1)

# 删除整个列表
del list_1
```

上述代码分别对列表进行修改、新增和删除操作。列表修改只需对某个元素值重新赋值即可；添加元素主要有 4 种实现方式：append 函数、extend 函数、insert 函数和列表相加；删除元素有三种删除方式：remove 函数、pop 函数和 del 函数。运行结果如图 3-5 所示。

```
下标索引修改元素值：[1, 'Love Python', False, 5.5, (1, 2, 4), ['Hello', 3]]
append函数：[1, 'Love Python', False, 5.5, (1, 2, 4), ['Hello', 3], 'Hello']
extend函数：[1, 'Love Python', False, 5.5, (1, 2, 4), ['Hello', 3], 'Hello', 'World']
insert函数：[1, 'Love Python', 'love', False, 5.5, (1, 2, 4), ['Hello', 3], 'Hello', 'World']
列表相加：[1, 'Love Python', 'love', False, 5.5, (1, 2, 4), ['Hello', 3], 'Hello', 'World', 1, 2, 3]
通过元素值删除元素：[1, 'Love Python', 'love', 5.5, (1, 2, 4), ['Hello', 3], 'Hello', 'World']
通过下标索引删除元素：[1, 'Love Python', 'love', 5.5, (1, 2, 4), ['Hello', 3], 'Hello']
del删除元素方法1：[1, 'love', 5.5, (1, 2, 4), ['Hello', 3], 'Hello']
del删除元素方法2：[5.5, (1, 2, 4), ['Hello', 3], 'Hello']
```

图 3-5　列表增删改操作结果

3.4　集合与字典

集合和字典在某个程度上是非常相似的，两者都是以大括号来进行定义，并且元素是无序排列的。唯一区别在于元素格式和数据类型有所不同，集合的元素只支持数字、字符串和元组，这都是 Python 不可变的数据类型，而字典则支持 Python 全部的数据类型。我们以代码的形式来描述集合和字典：

```
set_1 = {'Hello', 'Python', 123, (1, 'Love')}                （集合）
dict_1 = {'name': 'Python', 3: 4, 'mylist': [1, 2, 3]}       （字典）
```

对集合与字典的定义进行分析，集合的元素只有数字、字符串和元组，如果集合元素为元组，并且元组里面嵌套列表，程序也会提示错误信息。字典的元素是以 key:value 的形式表示，key 和 value 可以是任意的数据类型，每个 key 是唯一的，不能重复，而 value 则没有限制。

在实际开发中，集合的使用频率相对较小，其主要原因是元素无序排列以及数据类型的限制要求等多方面因素，这些因素不利于集合的读取和操作。而字典是经常使用的数据类型之一，并且与 JSON 的结构非常相似，本节将会深入讲述字典的使用方法。

字典的使用也就是对字典进行增删改查，这里通过代码的形式说明字典具体的操作方式，代码如下：

```
# 定义空的字典
dict_1 = {}
# 添加元素
dict_1['name'] = 'Python'
print('添加字典元素：', dict_1)
```

```
# 修改元素的 value
dict_1['name'] = 'I Love Python'
print('修改字典元素：', dict_1)

# 读取某个字典元素
# 以中括号方式读取字典元素，如果字典不存在该元素，则提示错误信息
name = dict_1['name']
# 使用 get 方法读取字典元素
# 如果字典不存在该元素，则将字符串'不存在这个元素'赋值到变量 age
age = dict_1.get('age', '不存在这个元素')
print('读取字典元素 name 的值：', name)
print('读取字典元素 age 的值：', age)

# 删除字典元素 name
del dict_1['name']
print('删除字典元素 name：', dict_1)

# 清空字典所有元素
dict_1['name'] = 'Python'
dict_1.clear()
print('清空字典所有元素：', dict_1)

# 删除整个字典对象
del dict_1
```

上述代码实现了字典的增删改查操作，实现方式与列表的大致相同。在 PyCharm 中运行代码并查看运行结果，如图 3-6 所示。

```
添加字典元素： {'name': 'Python'}
修改字典元素： {'name': 'I Love Python'}
读取字典元素name的值： I Love Python
读取字典元素age的值： 不存在这个元素
删除字典元素name： {}
清空字典所有元素： {}
```

图 3-6　字典的增删改查输出结果

如果字典中嵌套了多个字典或列表，可以从字典最外层往内层逐步定位，定位方式是由字典元素的 key 实现，通过这样的定位我们能够获取目标元素。这里以代码的方式加以说明，代码如下：

```
# 多重嵌套的字典读取方式
dict_1 = {
    'a': 'Hello',
    'b': {
        'c': 'Python',
        'd': ['World', 'China']
    }
}
# 读取键为 c 的值
# 由于键 c 在键 b 的值里面，因此先读取键 b 的值，再读取键 c 的值
get_b = dict_1['b']
get_c = get_b['c']
# 读取列表值 China
# 由于列表是键 d 的值，因此先读取键 b 的值，再读取键 d 的值，最后读取列表的值
get_b = dict_1['b']
get_d = get_b['d']
get_China = get_d[1]
```

除此之外，Python 的字典还内置了多种函数与方法，具体说明如下：

```
# 内置函数
# 比较两个字典元素。
cmp(dict1, dict2)
# 计算字典元素的总数。
len(dict)
# 将字典以字符串表示。
str(dict)


# 内置方法
# 返回一个字典的浅拷贝
dict.copy()
# 创建一个新字典，将列表或元组的元素做字典的 key，value 是每个 key 的值
dict.fromkeys(list, value)
# 如果键在字典 dict 里，那么返回 true，否则返回 false
dict.has_key(key)
# 以列表形式返回字典的键值对，每个键值对以元组形式表示
dict.items()
# 以列表返回一个字典所有的键
dict.keys()
# 读取字典元素，但如果键不存在于字典中，将会添加键并将值设为 default
dict.setdefault(key, default=None)
```

```
# 把字典 dict2 的键值对更新到 dict 里
dict.update(dict2)
# 以列表返回字典中的所有值
dict.values()
```

3.5 数据类型的转化

数据转换是每种编程语言的一个基本操作，但不同的编程语言有不同的转换规则。在 Python 中，不同的数据类型都能相互转换，其中最常见的是字符串、列表和字典的相互转换。

3.5.1 字符串和列表的转换

将字符串转换成列表，可以由字符串函数 split 实现，而列表转换字符串可以使用 join 函数实现。下面我们通过代码示例进行讲述：

```
# 字符串转换列表
str_1 = 'Hello Python'
list_1 = str_1.split(' ')
# 输出：['Hello', 'Python']
print(list_1)

# 列表转换字符串
list_1 = ['Hello', 'Python']
str_1 = ' '.join(list_1)
# 输出：Hello Python
print(str_1)
```

通过上述字符串和列表的相互转换，可以发现字符串是根据字符串里面的空格进行分段截取，使其生成多个子字符串，然后将多个子字符串组合成一个列表；而列表转换字符串是将列表的每个元素以空格进行拼接，使其生成相应的字符串。除此之外，对于一些特殊的字符串或列表可以使用其他方法转换，请看如下示例：

```
# 字符串转换为列表
str_1 = '[1,2,"Hello"]'
# 字符串内容与列表的数据格式相同，可以使用 eval 函数将字符串转换成列表
list_1 = eval(str_1)
print('eval 函数：', list_1)
```

```
# list 函数是将字符串的每个元素作为列表的元素
list_2 = list(str_1)
print('list 函数：', list_2)

# 列表转换字符串
# str 函数直接将整个列表转换为字符串
list_1 = ['Hello', 'Python']
str_1 = str(list_1)
print('str 函数：', str_1)
```

上述代码主要讲述函数 eval、str 和 list 的使用，这些函数需要符合一定的转换要求才能使用，在使用这些函数之前，需要清楚转换要求以及转换后的数据格式。上述代码的运行结果如图 3-7 所示。

```
eval 函数： [1, 2, 'Hello']
list 函数： ['[', '1', ',', '2', ',', '"', 'H', 'e', 'l', 'l', 'o', '"', ']']
str 函数： ['Hello', 'Python']
```

图 3-7 字符串与列表的转换结果

3.5.2 字符串与字典的转换

讲述了字符串与列表的相互转换后，接下来讲述字符串与字典的相互转换。由于字典是以键值对的形式表示，而字符串是以文本的形式表示，两者的表现形式存在较大的差异，因此在相互转换上会有一定的限制。字符串转换为字典可以通过 dict 函数实现，而字典转换为字符串可通过 values() 函数来获取字典的所有值，然后将其转换成字符串，具体示例如下：

```
# 字符串转换为字典
str_1 = 'Hello'
str_2 = 'Python'
dict_1 = dict(a=str_1, b=str_2)
# 输出：字符串转换字典： {'a': 'Hello', 'b': 'Python'}
print('字符串转换字典：', dict_1)

# 字典转换为字符串
dict_1 = {'a': 'Hello', 'b': 'Python'}
list_1 = dict_1.values()
str_1 = ' '.join(list_1)
```

```
# 输出：字典转换字符串：Hello Python
print('字典转换字符串：', str_1)
```

当字符串转换为字典时，dict 函数需要以 key=value 的形式作为函数参数，该参数表示字典里的一个键值对；当字典转换为字符串时，由 values() 函数获取字典的所有值并以列表的形式表示，再将列表转化成字符串，从而实现字典转换为字符串。此外，还可以将特殊字符串转换字典，代码示例如下：

```
# 特殊字符串转换字典
# 方法一：eval 函数实现
str_1 = '{"a": "Hello", "b": "Python"}'
dict_1 = eval(str_1)
print('方法一：', dict_1)

# 方法二：json 模块的 loads 函数
# 局限性：如果字符串里的字典键值对是使用单引号表示，则该方法无法转换，
# 如将 str_1 改为"{'a': 'Hello', 'b': 'Python'}"
import json
dict_2 = json.loads(str_1)
print('方法二：', dict_2)

# 方法三：ast 模块的 literal_eval 函数
import ast
dict_3 = ast.literal_eval(str_1)
print('方法三：', dict_3)
```

如果字符串的内容与字典的数据格式非常相似，可以使用上述三种方法将字符串转换成字典。三者的输出结果都是相同的，如图 3-8 所示。

```
方法一：  {'a': 'Hello', 'b': 'Python'}
方法二：  {'a': 'Hello', 'b': 'Python'}
方法三：  {'a': 'Hello', 'b': 'Python'}
```

图 3-8　字符串转换或字典

3.5.3　列表与字典的转换

本节我们讲述列表与字典的相互转换。列表转换成字典可以使用 dict 函数实现，但列表的元素必须以一个列表或元组表示，以列表或元组的形式代表字典的键值对；字典转换成列表有三种方式，分别由 values()、keys() 和 items() 函数实现。具体代码示例如下：

```python
# 列表转换为字典
list_1 = ['a', 'Hello']
list_2 = ['b', 'Python']
dict_1 = dict([list_1, list_2])
print('列表转换字典：', dict_1)

# 字典转换列表
dict_1 = {'a': 'Hello', 'b': 'Python'}
# 获取字典的所有值并生成列表
list_1 = dict_1.values()
print('values()函数：', list(list_1))
# 获取字典的所有键并生成列表
list_2 = dict_1.keys()
print('keys()函数：', list(list_2))
# 获取字典的所有键值并生成列表
list_3 = dict_1.items()
print('items()函数：', list(list_3))
```

当列表转换成字典时，列表 list_1 和 list_2 将会作为字典的键值对，在 dict 函数中，列表 list_1 和 list_2 作为一个新列表的元素，这样就能实现列表转换成字典；当执行字典转换为列表时，函数 values()、keys()和 items()会生成一个非列表对象，因此还需要对其使用 list 函数转换成列表。运行结果如图 3-9 所示。

```
列表转换字典：  {'a': 'Hello', 'b': 'Python'}
values()函数：  ['Hello', 'Python']
keys()函数：  ['a', 'b']
items()函数：  [('a', 'Hello'), ('b', 'Python')]
```

图 3-9 列表与字典的转换结果

3.6 本章小结

数据类型是任何一门编程语言的组成部分，学习编程语言必须要学习其数据类型。Python 的标准数据类型主要有数字、字符串、列表、元组、集合和字典。按照数据存储的内存地址可变性分为不可变数据和可变数据，可变数据有列表、集合和字典；不可变数据有数字、字符串和元组。

数字可以分为几个类型：整型、浮点型、布尔型和复数，具体说明如下：

（1）整型是没有小数点的数值。

（2）浮点型是带有小数点的数值。

（3）布尔型以 True 和 False 表示，实质分别为 1 和 0，为区分整型的 1 和 0，而改为 True 和 False。

（4）复数是由一个实数和一个虚数组合构成，可以用 x+yj 或者 complex(x,y)表示。

字符串（String）是由数字、字母、下划线组成的一串字符，可以用单引号、双引号或三引号来表示。常用的字符串操作有截取、替换、查找、分割和拼接。

（1）字符串截取，截取格式为：字符串[开始位置:结束位置:间隔位置]。

（2）字符串替换，替换方法为：字符串.replace('被替换内容', '替换后内容')。

（3）字符串查找元素，查找方法为：字符串.find('要查找的内容' [, 开始位置,结束位置])。

（4）字符串分割，分割方法为：字符串.split('分割符',分割次数)。

（5）字符串拼接方式：使用加号拼接、使用逗号拼接、直接拼接、格式化拼接和 join 方法拼接。

元组是使用小括号来定义，而列表是使用中括号来定义。元组列表里面的元素可以是任意的数据类型，每个元素之间使用英文逗号隔开；如果元组和列表中没有元素，说明这是一个空的元组或列表。

元组或列表的元素的数据类型可以是整型、字符串、布尔型、浮点型、元组和列表。如果元素是一个元组或列表，那么这是一种嵌套模式，这种模式在日常的开发中是很常见的。

集合和字典在某个程度上是非常相似的，两者都是以大括号来进行定义，并且元素是无序排列的。唯一区别在于元素格式和数据类型有所不同，集合的元素只支持数字、字符串和元组，这都是 Python 里面不可变的数据类型，而字典是支持 Python 全部的数据类型。

数据类型的相互转换主要讲述了字符串与列表、字符串与字典、列表与字典的相互转换，不同的数据类型有不同的转换规则，转换规则是多变的，可以根据实际情况选择合适的转换方法。

第4章

流程控制语句

本章讲述 Python 的流程控制语句，包括：条件判断语句、循环语句、推导式和三目运算符。条件判断语句和循环语句是基本的流程控制语句，推导式和三目运算符是在循环语句和条件判断语句的基础上扩展而成，牢固掌握这些基础编程语法，可以编写出更具灵活性的应用程序。

4.1　if 语句

人们常说人生就是一个不断做选择题的过程：有的人没得选，只有一条路能走；有的人好一点，可以二选一；有些能力好或者家境好的人，可以有更多的选择；还有一些人在人生的迷茫期不停地在原地打转，找不到方向。程序好比人生，而我们可以对程序进行控制，让它根据条件的不同而选择不同的执行过程。

Python 的条件控制由 if 语句执行，根据执行结果的 True 或 False 来执行相应的代码块。如图 4-1 所示是条件语句的执行过程。

从图中可以大致了解 if 语句具体的执行过程，简单来说，if 语句是通过判断某个变量值是否符合条件，如果符合就执行相应的代码块，如果不符合就执行另一个代码块。Python 中最简单的 if 语句如下所示：

```
number = 1
if number == 1:
    print('Hello Python')
else:
    print('Hello World')
```

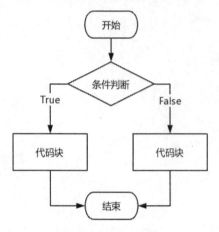

图 4-1　if 语句流程图

上述代码根据变量 number 的数值进行判断，如果变量 number 的数值为 1，程序输出"Hello Python"，否则输出"Hello World"。例子中的变量 number 只是执行了一次条件判断，如果想对变量进行多次判断，可以在上述代码中添加 elif 语句，具体示例如下：

```
number = 1
if number == 1:
    print('Hello Python')
elif number == 2:
    print('Hello World')
elif number == 3:
    print('Hello China')
else:
    print('Hello Hello')
```

在上述例子中，我们对变量 number 设置了三次判断，判断的顺序从上至下依次执行，具体判断说明如下：

（1）首先判断变量 number 是否等于 1，如果符合判断，则输出"Hello Python"并终止整个 if 语句，否则执行下一个条件判断。

（2）第二个判断是判断变量 number 是否等于 2，如果符合判断，则输出"Hello World"并终止整个 if 语句，否则执行下一个条件判断。

（3）最后判断变量 number 是否等于 3，如果符合判断，则输出"Hello China"并终止整个 if 语句，否则程序会输出"Hello Hello"。

上述代码中，我们只需修改变量 number 的值，程序运行时就会根据变量值的不同而输出不同的结果。如果 if 语句中的代码块包含另外一个 if 语句，这种情况称为 if 嵌套。嵌套是编程语言里比较常见的代码结构，比如字典嵌套、列表嵌套、if 嵌套和循环嵌套等。下面我们以代码示例讲述如何实现 if 嵌套：

```python
number = 1
bool = True
if number == 1:
    # if 嵌套
    if bool == True:
        print('Hello Python')
    else:
        print('I Love Python')
else:
    print('Hello Hello')
```

在代码中添加变量 bool，程序首先判断变量 number 是否为 1，如果符合条件，再对变量 bool 进行判断，如果变量 bool 为 True，则输出"Hello Python"，否则输出"I Love Python"。需要注意的是，在编写 if 语句时，每个条件的后面必须添加英文冒号且相应的代码块需使用缩进符来划分。

4.2　for 循环

循环是指程序中需要重复执行的代码，Python 的循环结构有 for 循环和 while 循环。for 循环是一种迭代循环机制，迭代即重复相同的逻辑操作，每次操作都是基于上一次结果而进行的。Python 的 for 循环可以遍历任何序列的对象，如字符串、元组列表和字典等，其语法如下：

```python
for iterating in sequence:
    print(iterating)
```

根据 for 循环的语法，我们使用流程图进一步了解 for 循环的执行过程，如图 4-2 所示。

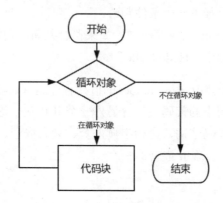

图 4-2　for 循环流程图

从图中可以知道，循环体是一个可迭代的对象，常用的迭代对象有字符串、列表、字典和 range 对象。我们通过代码对这些迭代对象实现 for 循环遍历，具体代码如下：

```python
# 循环字符串
str_1 = '我正在学 Python'
result = []
for i in str_1:
    result.append(i)
print(result)


# 循环列表
list_1 = ['我', '正', '在', '学', 'Python']
result = []
for i in list_1:
    result.append(i)
print(result)


# 循环字典
dict_1 = {'key1': '我', 'key2': '在', 'key3': '学', 'key4': 'Python'}
result = []
for i in dict_1:
    result.append(i)
print(result)


# 循环 rang 对象，range(10)会生成 0-9 的范围值
range_1 = range(10)
```

```
result = []
for i in range_1:
    result.append(i)
print(result)
```

在上述 4 个例子中，对于字符串、列表和字典的遍历循环是相对容易理解，range 对象是 for 循环中经常使用的循环对象，同时也说明 for 循环是支持对象的遍历，对象是由类实例化生成的，有关类的知识会在第 6 章讲述。代码运行结果如图 4-3 所示。

```
['我', '正', '在', '学', 'P', 'y', 't', 'h', 'o', 'n']
['我', '正', '在', '学', 'Python']
['key1', 'key2', 'key3', 'key4']
[0, 1, 2, 3, 4, 5, 6, 7, 8, 9]
```

图 4-3 for 循环的运行结果

在 for 循环中，我们还可以嵌套 for 循环和 if 语句。这两种嵌套方式是实际开发中最为常见的，具体的代码示例如下：

```
# if 语句嵌套
result_1 = []
result_2 = []
for i in range(10):
    if i % 2 == 0:
        result_1.append(i)
    else:
        result_2.append(i)
print('能被 2 整除的数有: ', result_1)
print('不能被 2 整除的数有: ', result_2)

# 循环嵌套
for i in range(5):
    str_1 = ''
    for j in range(3):
        str_1 += str(i) + ', '
    print('第', i+1, '行的数据是', str_1)
```

for 循环中嵌套 if 语句通常是对循环体进行一个判断筛选，根据当前循环值的不同而执行不同的处理，如上述例子中，嵌套 if 语句是将 0 到 9 之间的范围值进行分类筛选。如果 for 循环是嵌套 for 循环，可将运行结果看作一张二维表格，最外层的循环就如表格的行数，嵌套里面的循环是表格的列数。上述代码的运行结果如图 4-4 所示。

```
能被2整除的数有：[0, 2, 4, 6, 8]
不能被2整除的数有：[1, 3, 5, 7, 9]
第 1 行的数据是 0, 0, 0,
第 2 行的数据是 1, 1, 1,
第 3 行的数据是 2, 2, 2,
第 4 行的数据是 3, 3, 3,
第 5 行的数据是 4, 4, 4,
```

图 4-4　带嵌套的 for 循环的运行结果

4.3　while 循环

从上一节我们知道，Python 的循环结构有 for 循环和 while 循环，while 循环是根据条件的判断结果而决定是否执行循环。只要条件判断结果为 True，程序就会执行循环，直至条件判断结果为 False，具体语法如下：

```
while condition:
    print(iterating)
```

根据 while 循环的语法，我们使用流程图进一步了解 while 循环的执行过程，如图 4-5 所示。

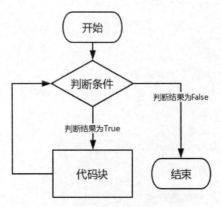

图 4-5　while 循环流程图

从图中发现，while 循环和 for 循环的执行过程是大致相同的，只不过两者的循环条件判断方式有所不同。在一些特定的情况下，不同的循环方式决定了代码质量的高低。通过以下例子来讲述如何使用 while 循环，代码如下：

```
bool = True
while bool == True:
    print('Hello Python')
    bool = False
```

上述代码只执行一次循环，因为在循环里设置了变量 bool 的值为 False，当第二次循环开始之前，由于条件判断结果为 False，使得第二次循环被终止，从而终止了整个 while 循环。除此之外，while 循环也支持 if 语句嵌套和循环嵌套，具体的实现方式与 for 循环是相同的，此处不再详细讲述。

在循环过程中，如果想终止整个循环或者直接跳过当前循环的剩余语句而执行下一轮循环，可以分别使用 break 语句和 continue 语句。这两个语句只能在循环里面使用，如果在循环外使用，程序会提示错误信息。以下面的例子来讲述如何在 for 循环和 while 循环中使用 break 语句和 continue 语句，代码如下：

```
# for 循环的 break
# 当 i=5 的时候，终止整个 for 循环
result = []
for i in range(10):
    if i == 5:
        break
    else:
        result.append(i)
print('for 循环的 break: ', result)

# for 循环的 continue
# 当 i=5 的时候，跳出当前循环并执行下一轮循环
result = []
for i in range(10):
    if i == 5:
        continue
    result.append(i)
print('for 循环的 continue: ', result)

# while 循环的 break
result = []
i = 0
while i < 10:
    if i == 5:
        break
```

```
        result.append(i)
        i += 1
print('while 循环的break: ', result)


# while 循环的 continue
result = []
i = 0
while i < 10:
    if i == 5:
        i += 1
        continue
    result.append(i)
    i += 1
print('while 循环的continue: ', result)
```

两个循环方式分别使用 break 语句和 continue 语句，而且实现的功能是非常相似的，这样可以深入了解两个语句对不同的循环方式所造成的差异。运行上述代码，结合运行结果分析两者的差异，运行结果如图 4-6 所示。

```
for循环的break:  [0, 1, 2, 3, 4]
for循环的continue:  [0, 1, 2, 3, 4, 6, 7, 8, 9]
while循环的break:  [0, 1, 2, 3, 4]
while循环的continue:  [0, 1, 2, 3, 4, 6, 7, 8, 9]
```

图 4-6　break 和 continue 的执行结果

从运行结果可以看出，for 循环和 while 循环都分别循环 10 次。当变量 i 等于 5 的时候，break 语句会将整个循环终止，所以列表的元素值只有 0 到 4；而 continue 语句将当前的循环跳出，继续执行下一轮的循环，所以列表的元素值从 0 到 9 并且不含 5。

4.4　推导式

推导式又称解析式，这是 Python 一种独有的特性。推导式是可以从一个数据序列构建另一个新的数据序列的结构体，数据序列是我们常说的可循环对象，如字符串、列表、字典和 range 对象等。推导式主要有列表推导式、集合推导式和字典推导式，不管哪种类型的推导式，其使用方法都是相似的，下面以代码的形式加以说明：

```
# 列表推导式
result = [x for x in range(5)]
print(result)
# 输出: [0, 1, 2, 3, 4]

# 集合推导式
result = {x for x in range(5)}
print(result)
# 输出: {0, 1, 2, 3, 4}

# 字典推导式
result = {x: x for x in range(5)}
print(result)
# 输出: {0: 0, 1: 1, 2: 2, 3: 3, 4: 4}
```

代码中分别列举了列表推导式、集合推导式和字典推导式，发现推导式的语法是相对固定的。推导式是通过循环数据序列的每个元素，然后将每个元素组合成新的数据序列。如果想对当前元素进行一个简单的判断，可以在循环后面添加 if 语句，具体实现方式如下：

```
# 列表推导式
result = [x for x in range(10) if x > 5]
print(result)
# 输出: [6, 7, 8, 9]

# 集合推导式
result = {x for x in range(10) if x > 5}
print(result)
# 输出: {8, 9, 6, 7}

# 字典推导式
result = {x: x for x in range(10) if x > 5}
print(result)
# 输出: {6: 6, 7: 7, 8: 8, 9: 9}
```

在推导式中只能添加 if 判断，并且不允许设置多个条件判断，比如在推导式设置 elif 和 else 等分支判断都是不允许的。

4.5　三目运算符

　　Python 的三元表达式也可以称为三目运算符，在语法上，它与其他编程语言的三目运算符有所不同。简单地理解，Python 的三目运算符是 if 语句的简化使用。通过以下示例读者可理解 Python 的三目运算符：

```python
number = 10
result = 'Hello Python' if number >= 10 else 'Hello World'
print(result)

# 上述代码等价于
number = 10
if number >= 10:
    result = 'Hello Python'
else:
    result = 'Hello World'
print(result)
```

　　从上述例子可以看到，三目运算符是将一个简单的 if 语句用一行代码表示，这样可以精简代码量，提高代码质量。如果涉及到循环嵌套和 if 嵌套，三目运算符也同样适用，具体的实现方式如下：

```python
# 三目运算符的 if 语句嵌套
number = 10
result = 'Python' if number < 5 else ('World' if number ==5 else 'China')
print(result)
# 输出：China

# 三目运算符的循环嵌套
number = 10
result = [x for x in range(10)] if number > 10 else {x for x in range(10)}
print(result)
# 输出：{0, 1, 2, 3, 4, 5, 6, 7, 8, 9}
```

　　虽然三目运算符可以实现循环嵌套和 if 嵌套，但是相比 if 语句、for 循环和 while 循环来说，它的语句嵌套还是存在一定的局限性，无法适应多变的需求开发。

4.6 实战："编写"猜数字"游戏

用 Python 实现猜数字游戏可由 if 语句和循环语句实现。游戏的大致规则如下：

（1）程序随机生成一个数字，随机生成的数字必须在限定的数值区间内，比如 0～100、20～80 等。

（2）用户通过输入一个数值，程序将两个数值进行对比，根据对比结果输出相应的提示。

（3）如果输入的数值比生成的数值大，程序就输出提示"大了"，并重新提示用户输入数值。

（4）如果输入的数值比生成的数值小，程序就输出提示"小了"，并重新提示用户输入数值。

（5）如果输入的数值等于生成的数值，程序就输出提示"猜对了"，并终止程序。

我们根据游戏规则落实游戏实现过程，具体的实现过程大致如下：

（1）首先在一个可控范围内生成一个随机数值，并将数值赋予变量 number。

（2）程序需要给用户提供输入口，接收用户输入的数值，并赋值给变量 getNum，用于与变量 number 进行对比。

（3）变量 getNum 和 number 的大小进行对比，对比方式分别有大于、小于和等于，不同的对比结果执行不同的处理。

（4）根据对比结果，如果两个变量相等，则终止整个程序，否则重复执行步骤 2、3、4。

从上述的实现过程中可以发现，程序的实现涉及到随机数的生成、用户输入提示、循环和 if 语句。随机数的生成可以使用 Python 标准库 random 实现；用户输入提示由 Python 的内置函数 input 实现；循环语句使用 while 循环。具体的代码如下：

```python
# 导入标准库 random，实现随机数的生成
import random
number = random.randint(0, 20)
while 1:
    # 内置 input 函数用于给用户提供数值的输入。
    # 由于 input 函数是生成字符串，所以需要将字符串转换成数字。
```

```
getNum = int(input('请输入你的数字：'))
 # 判断输入值和随机数的大小
if getNum == number:
     # 判断成功就终止整个 while 循环
    print('恭喜你，你猜对了')
    break
elif getNum > number:
    print('你的数字比结果大了')
else:
    print('你的数字比结果小了')
```

运行上述代码，程序首先会自动生成一个随机数，然后提示用户输入数据。当用户输入数据后会将数据与随机数进行对比，如果两个数值是大于或小于，程序都会提示相应的结果并再提示用户再次输入数值；只有两个数值相等的时候，程序才会终止 while 循环。运行结果如图 4-7 所示。

```
请输入你的数字：10
你的数字比结果小了
请输入你的数字：9
你的数字比结果小了
请输入你的数字：12
你的数字比结果小了
请输入你的数字：14
恭喜你，你猜对了
```

图 4-7　猜数字游戏结果

4.7　本章小结

本章主要讲述了 if 语句、for 循环和 while 循环的原理和使用，推导式是 for 循环的一个特殊使用，而三目运算符是 if 语句的一个特殊使用。

if 语句是通过判断某个变量值是否符合条件，如果符合就执行相应的代码块，如果不符合就执行另一个代码块，而代码块里面可以嵌套 if 语句和循环语句。

　　Python 的循环结构有 for 循环和 while 循环。for 循环是一种迭代循环机制，迭代即重复相同的逻辑操作，每次操作都是基于上一次结果而进行的。while 循环是根据条件的判断结果而决定是否执行循环，只要条件判断结果为 True，程序就会执行循环，直至条件判断结果为 False 才会终止整个循环。

　　break 语句和 continue 语句使用在循环语句里，前者是终止整个循环，而后者是直接跳过当前循环的剩余语句而执行下一轮循环。

　　推导式又称解析式，这是 Python 一种独有的特性。推导式是可以从一个数据序列构建另一个新的数据序列的结构体，数据序列是我们常说的可循环对象，如字符串、列表、字典和 range 对象等。

　　Python 的三元表达式也可以称为三目运算符，在语法上，它与其他编程语言的三目运算符有所不同。简单地理解，Python 的三目运算符是 if 语句的简化使用。

第5章

函　数

本章讲述 Python 的函数，包括：函数定义、函数参数、函数返回值、函数调用以及变量的作用域。函数定义是声明函数；函数参数是函数的输入；函数返回值是函数的输出；变量的作用域是变量在函数内外的差异。

5.1　函数的定义

函数是指一段实现某些功能的代码块，也叫做子程序或方法。在一个程序里面，如果重复使用某一个功能，可以将该功能的代码定义成一个函数。当再次使用的时候，只需直接调用该函数即可，这样可以减少代码的冗余。

Python 的函数以关键词 def 开头，关键词后是自定义的函数名，函数名后面添加英文格式的小括号，而小括号里面可以根据情况来决定是否设置函数参数。对于自定义的函数名，建议遵循驼峰命名法的命名规则。驼峰命名法是对函数名中的每一个逻辑断点使用大写字母或下划线来标记，使得自己的代码能更容易地在同行之间交流。下面通过代码示例说明函数的定义及驼峰命名法：

```
# 函数名 getName 和 get_name 都是遵循驼峰命名法
# 函数 getName 设置函数参数 name, 并在函数代码中使用参数
def get_name():
    print('my name is Lili')


def getName(name):
    print('my name is ', name)
```

从上述的例子中可以看到，函数可以有参数，也可以无参数。如果函数带有参数，参数的数据格式可以是任意的，如字符串、数字、元组、列表、字典或对象均可作为函数参数。若一个函数有多个参数，每个参数之间使用英文的逗号隔开。我们总结出函数的定义语法：

```
def 函数名 (参数 1, 参数 2, 参数 3):
    函数体
```

函数关键词 def 和函数体必须以缩进符进行划分，缩进在关键词 def 的代码都是属于函数体。读者在定义函数的时候需要谨记缩进符的使用方式。

有时候函数在执行某些处理时，如果想要得到函数的处理结果，可通过 return 将结果返回。return 是 Python 的内置函数，在自定义函数的函数体中使用 return 函数可以将所需要的数据或对象返回到函数外的程序。有关函数返回值的使用，会在第 5.3 节中详细讲述。

综上，一个完整的函数定义主要有：关键词 def、函数名和小括号、函数参数、函数体、返回值。其中函数参数和返回值是可选的，具体由函数所实现的功能而定。

5.2　函数参数

我们知道，函数是将程序的某部分功能进行封装，因此函数与函数外的程序之间是紧密相连的，若两者之间需要数据传递，可以通过函数参数和函数返回值来实现。函数参数是由函数外的数据传递到函数里，在函数里可对参数进行读写操作。

函数参数对于函数来说，并非必要的，如果函数无需使用参数，则在定义函数的时候无需设置参数；如果函数需要使用参数，则可以根据实际情况进行定义。函数参数的定义语法如下：

```
def myFunction(arg1, arg2, *args, **kargs):
    函数体
```

在函数参数的定义语法中，分别定义了 4 个参数 arg1、arg2、*args 和**kargs，参数具体说明如下：

（1）arg1 和 arg2 是开发者自定义的参数名。在函数里，参数名可以当成变量使用。

（2）*args 是将多个参数生成一个列表。在函数里，可以将 args 当成一个列表来使用里面的参数。

（3）**kargs 将多个参数以字典的形式表示。在函数里，通过字典的读取方式获取 kargs 里的参数。

按照参数的类型划分，主要分为三种类型：自定义参数 arg1 或 arg2、*args 和**kargs，三者的使用方法如下：

```python
def get_name1(arg1, arg2):
    print('1、我们的名字分别是：', arg1, arg2)

def get_name2(*args):
    print('*args 的数据格式是', args)
    print('2、我们的名字分别是：', args[0], args[1])

def get_name3(**kwargs):
    print('**kwargs 的数据格式是', kwargs)
    print('3、我们的名字分别是：', kwargs['name1'], kwargs['name2'])

# 调用函数
get_name1('Lucy', 'Tom')
get_name2('Lily', 'Mary')
get_name3(name1='LiLei', name2='Tony')
```

上述代码中分别讲述了函数参数的三种使用方式，三种参数类型在定义和调用的时候，需要注意相关的细节，具体说明如下：

（1）参数 arg1 和 arg2 是一个单独的函数参数，参数值可以是任意的数据类型；在调用时，参数值传入的先后顺序与参数名相互对应。

（2）*args 将多个参数值组合成元组传递给函数，使用该方式无需定义参数名。在调用时，参数值的传入顺序决定它在元组里的下标索引。

（3）**kwargs 将参数转换成字典的形式，参数值的读取方式与字典的读取方式一致，在调用时，必须设置参数名与参数值。

在 PyCharm 里运行上述代码，运行结果如图 5-1 所示。

```
1、我们的名字分别是：Lucy Tom
*args的数据格式是（'Lily', 'Mary'）
2、我们的名字分别是：Lily Mary
**kwargs的数据格式是 {'name1': 'LiLei', 'name2': 'Tony'}
3、我们的名字分别是：LiLei Tony
```

图 5-1　函数参数

此外，参数的三种使用方式可以灵活组合使用，在函数调用时，需要注意参数的传入顺序和传入方式。具体的代码如下：

```python
# 参数 arg1 和 arg2 的灵活使用
def get_name1(arg1, arg2='Lucy'):
    print('arg1 和 arg2 的名字分别是：', arg1, arg2)
# 三种函数调用方式
get_name1('Tom')
get_name1('Tom', 'Lily')
get_name1(arg2='Tom', arg1='Lily')


# 三种函数参数组合使用
def get_name2(arg1, arg2, *args, **kwargs):
    print('arg1 和 arg2 的名字分别是：', arg1, arg2)
    print('*args 的名字分别是：', args[0], args[1])
    print('**kwargs 的名字分别是：', kwargs['name'])
# 调用函数
get_name2('Lucy', 'Tom', 'Lily', 'Mary', name='Jack')
```

上述代码分别定义函数 get_name1 和 get_name2：get_name1 讲述自定义参数的多种使用方式；get_name2 是三种函数参数的组合使用。具体的说明如下：

（1）在定义自定义参数的时候，除了定义参数名之外，还可以定义它的默认值。在调用函数时，如果没有对该参数传递数据，则该参数的参数值为默认值，仍可在函数里使用；如果对已设置默认值的参数进行数据传递，则参数值为函数调用时所传递的数据。

（2）在函数外调用函数的时候，数据传递顺序可以自定义排序，传递过程中必须指定已定义的参数，如 get_name1(arg2='Tom', arg1='Lily')。

（3）三种函数参数组合使用时，参数的定义顺序最好按照上述例子，而且数据最好也依次传递，否则在定义和使用过程中都会提示错误信息。

5.3 函数的返回值

我们知道，函数与函数外的程序之间存在输入输出的关系，上一节中已讲述了如何将函数外的数据传递到函数中使用，本节会讲述如何将函数的处理结果传递到函数外的程序使用。这个传递过程称为函数返回值，它是由关键词 return 和 yield 实现，这两个关键词之间存在明显的差异：return 是在返回结果的同时中断函数的执行，yield 则是返回结果并不中断函数的执行。

对于 return 的作用比较容易理解，可能 yield 比较难以理解。yield 可以理解为"轮转容器"，好比现实中的实物——水车，首先 yield 可以装入数据、函数运行完毕后就会生成一个迭代器（generator object）并将迭代器返回到主程序中，迭代器是 Python 的特性之一。

在主程序中，迭代器可以使用 next() 来读取里面的数据。函数中使用 yield 好比水车转动后，车轮上的水槽装入水，随着轮子转动，一个个水槽就会装入水；在主程序中读取迭代器的数据好比一个个水槽的水送入水道中并流入田里。下面我们以代码的形式进一步讲述关键词 return 和 yield 的差异：

```python
# 定义函数
def myReturn():
    for i in range(5):
        return i
# 定义函数
def myYield():
    for i in range(5):
        yield i

# 调用函数 myReturn
result1 = myReturn()
print('return 数据类型是: ', type(result1))
# 调用函数 myYield
result2 = myYield()
print('yield 数据类型是: ', type(result2))
for i in result2:
    print('这是 yield 里面的数据: ', i)
```

根据函数 myReturn 和 myYield 分析，两者的代码是相似的，唯一的不同在于返回值是分别使用 return 和 yield；函数的调用方式也相同，唯独调用后的结果是不同的。

从返回结果 result1 和 result2 来看，result1 是一个数字类型的数据，数值为 0，也就说函数 myReturn 在第一次循环的时候，关键词 return 将第一次循环的值返回到主程序，而函数本身不再执行任何操作。result2 是一个 generator 对象，这代表是一个迭代器，通过 for 循环将迭代器里面的数据输出，发现数值从 0 到 4，这些数值恰好是函数 myYield 每次循环的数值。运行结果如图 5-2 所示。

```
return数据类型是：〈class 'int'〉
yield数据类型是：〈class 'generator'〉
这是yield里面的数据： 0
这是yield里面的数据： 1
这是yield里面的数据： 2
这是yield里面的数据： 3
这是yield里面的数据： 4
```

图 5-2　函数返回值

5.4　函数的调用

函数调用大家在前两节中有所接触，函数调用是指可以在函数里面调用其他函数，也可以在主程序里面调用函数。函数的调用方式是使用"函数名+花括号"，程序首先找到花括号，认定当前语句代表函数调用，然后根据函数名去查找相应的函数并执行。下面通过代码来演示函数调用函数和主程序调用函数的例子：

```python
def fun1():
    print('嘿，我是函数 fun1')

def fun2(name):
    print('嘿，我是函数 fun2，我的名字叫：', name, '，现在我要呼喊 fun2')
    # 调用函数 fun1
    fun1()

def fun3(name):
    print('嘿，我是函数 fun3，我的名字叫：', name, '，现在我要呼喊 fun3')
    # 调用函数 fun2
    fun2('Lily')
```

```
# 主程序
if __name__=='__main__':
    fun3('Lucy')
```

上述代码中，分别定义了函数 fun1、fun2 和 fun3。代码 if __name__=='__main__'下的代码是当前文件的主程序代码。当程序运行的时候，主程序首先调用并执行函数 fun3；在fun3 里，它调用并执行函数 fun2；而 fun2 调用并执行函数 fun1，这样形成一个嵌套的函数调用。代码的运行结果如图 5-3 所示。

嘿，我是函数fun3，我的名字叫：Lucy ，现在我要呼喊fun3
嘿，我是函数fun2，我的名字叫：Lily ，现在我要呼喊fun2
嘿，我是函数fun1

图 5-3 函数调用

函数之间的调用很容易造成死循环，比如在函数 fun2 里调用函数 fun1，而函数 fun1 又调用函数 fun2，这样就形成了一个闭合的死循环，程序就不断地在这两个函数之间来回执行。

5.5 变量的作用域

函数外的程序与函数可以进行数据交互，正因如此，当函数外的程序将数据传入函数并进行处理时，传入的数据在函数处理前和处理后会发生变化。那么函数执行完成后，处理后的数据是否会替换函数外的程序数据呢？对于这一问题，下面通过代码来进行说明：

```
def fun1():
    name = 'Lucy'
    print('嘿，我是函数 fun1，我的名字叫：', name)

if __name__=='__main__':
    name = 'Lily'
    fun1()
    print('嘿，我是主程序，我的名字叫：', name)
```

上述代码中，首先定义变量 name 的值，然后变量传递给函数 fun1，函数 fun1 将参数name 重新赋值并输出，函数执行完成后，主程序再输出变量 name 的值。通过输出结果可以发现，主程序的变量传入到函数后，不管函数怎样处理，主程序的变量值不会发生任何变化，这就是变量的作用域。运行结果如图 5-4 所示。

```
嘿，我是函数fun1，我的名字叫：Lucy
嘿，我是主程序，我的名字叫：Lily
```

图 5-4　变量作用域的运用

变量的作用域主要分为全局变量和局部变量：在主程序里定义的变量称为全局变量，在函数内部定义的变量称为局部变量；全局变量在所有作用域都可读，局部变量只能在本函数里可读；函数在读取变量时，优先读取函数本身的局部变量，然后再去读全局变量；函数里可以对变量使用关键词 global，使变量定义成全局变量。下面以代码形式说明全局变量和局部变量的区别：

```python
# 函数 fun1
def fun1():
    # 定义局部变量 name
    funName = 'Lucy'
    # 定义全局变量
    global newName
    newName = 'Mary'
    print('嘿，我是局部变量，我的名字叫：', funName)
    print('嘿，我是全局变量，我在函数 fun1 里面，我的名字叫：', name)
    print('嘿，我是全局变量，由函数 fun1 定义，在函数里使用，我的名字叫：', newName)

# 主程序
if __name__=='__main__':
    # 定义全局变量 name
    name = 'Lily'
    fun1()
    print('嘿，我是主程序，我在主程序里面，我的名字叫：', name)
    print('嘿，我是全局变量，由函数 fun1 定义，在主程序里使用，我的名字叫：',
newName)
```

上述代码中，函数 fun1 分别定义局部变量 funName 和全局变量 newName，主程序定义全局变量 name。从代码的输出结果可以看到，全局变量 name 和 newName 不限制使用范围，而局部变量 funName 只能在函数里使用。代码运行结果如图 5-5 所示。

```
嘿，我是局部变量，我的名字叫：Lucy
嘿，我是全局变量，我在函数fun1里面，我的名字叫：Lily
嘿，我是全局变量，由函数fun1定义，在函数里使用，我的名字叫：Mary
嘿，我是主程序，我在主程序里面，我的名字叫：Lily
嘿，我是全局变量，由函数fun1定义，在主程序里使用，我的名字叫：Mary
```

图 5-5　局部变量和全局变量的使用

5.6 实战：编写 "猜词语" 游戏

本节我们利用函数来实现一个 "猜词语" 的小游戏。游戏规则分为三组队伍，三组队伍依次开始游戏，每组队伍至少两个人，根据程序给出的词语，一人比划一人猜，比划的时候可以使用肢体语言或口头语言向猜词者传达信息，但口头语言不能与词语的内容相关，只能对词语进行描述表达，每组队伍的游戏限时为 1 分钟，游戏结束后统计答对的题数，最后答对数量最多的那组获胜。

分析游戏规则，整个比赛共有三组队伍参加，每组队伍玩的游戏都是一样的，那么三组队伍可以看作是三次遍历循环的函数。在这个函数里，每次循环代表当前队伍的游戏开始与结束，游戏开始与结束也可以看成另外一个函数。简单地说，三组队伍看成函数 A，猜词语游戏看成函数 B，在函数 A 里需要调用函数 B。具体的代码如下所示：

```python
import time
# 每组队伍的游戏过程
def guess(i):
    correct = 0
    start=time.time()
    for k in range(len(i)):
        # 显示词语
        print(('%d.%s') % (k + 1, i[k]))
        flag = input('请答题,答对请输入 y,跳过请输入任意键')
        sec = time.time() - start
        # 统计用时
        if (50 <= sec <= 60):
            print('还有 10 秒钟')
        if (sec >= 60):
            print('时间到! 游戏结束')
            break
        # 答对就累加 1
        if (flag == 'y'):
            correct += 1
            continue
        else:
            continue
    return correct
```

```
# 遍历每组队伍，调用 answer 函数实现游戏
def team(guessWord):
    for i in guessWord:
        correct = guess(i)
        str_temp = ('恭喜你，你答对了%d道题') % (correct)
        print(str_temp)
        print('#############下一组#############')

# 主程序定义游戏内容，然后调用 team 函数开始游戏
if __name__ == '__main__':
    guessWord = []
    guessWord.append(['娇媚', '金鸡独立', '狼吞虎咽',
'鹤立鸡群', '手舞足蹈', '卓别林', '穿越火线'])
    guessWord.append(['扭秧歌', '偷看美女', '大摇大摆',
'回眸一笑', '市场营销', '自恋', '处女座'])
    guessWord.append(['狗急跳墙', '捧腹大笑', '目不转睛',
'愁眉苦脸', '暗恋', '臭袜子', '趁火打劫'])
    team(guessWord)
```

从上述代码可以看到，我们定义函数 team 和 guess 分别代表队伍和游戏。首先分析函数 guess，具体说明如下：

（1）函数 guess 是整段代码中最底层的函数，也是实现猜词语的游戏功能。

（2）函数参数 i 代表当前队伍的词语题目，函数变量 correct 和 start 代表答对的题目数和开始时间。

（3）函数里面的循环是将词语的题目遍历并输出，每条题目通过比划者输入的内容来判断当前题目是答对或跳过。

（4）在这个遍历过程中加入时间的计算和判断，超时会自动中断循环。

（5）如果答对了题目，函数变量 correct 累加 1，否则进行下一次循坏。

然后分析函数 team 所实现的功能，具体说明如下：

（1）函数 team 是通过循环词组 guessWord，guessWord 是该函数参数并且是一个长度为 3 的二维列表，也就是说列表有三个元素，每个元素是一个列表。

（2）每次循环 guessWord 得到它的元素值，然后调用 guess 函数并将元素值作为函数参数。

（3）最后获取 guess 函数的返回值，返回值是代表当前队伍答对的题目数量。

最后在主程序中，定义 guessWord 列表并设置列表的元素值，然后调用 team 函数并将列表 guessWord 传递进去。从整段代码来看，主程序最初调用 team 函数，在执行 team 函数的时候，每次循环都会调用 guess 函数。从主程序调用函数 team，再到函数 team 调用函数 guess，一层嵌套一层，每次的调用都通过函数参数和返回值进行关联。

5.7　本章小结

函数以关键词 def 开头，关键词后是自定义的函数名，函数名后面添加英文格式的小括号，而小括号里面可以根据情况来决定是否设置函数参数。

函数参数是将外部的数据传入到函数里使用，它对于函数来说，并非必要的，如果函数无需使用参数，则在定义函数的时候无需设置参数；如果函数需要使用参数，则可以根据实际情况进行定义。

函数返回值是将函数的数据传递给函数外的程序使用，它由关键词 return 和 yield 实现，这两个关键词之间存在明显的差异：return 是在返回结果的同时中断函数的执行，而 yield 则是返回结果并不中断函数的执行。

函数调用可以在函数里面调用其他函数，也可以在主程序里面调用函数。函数的调用方式是使用"函数名+花括号"，程序首先找到花括号，认定当前语句代表函数调用，然后根据函数名去查找相应的函数并执行。

函数在执行的时候，如果函数内外有两个相同的变量名，在没有使用关键词 global 对变量进行特别声明的时候，两个变量是互不影响的；若在函数内使用关键词 global，则变量视为一个全局变量，等同于函数外的同名变量。

第 6 章

类与对象

本章讲述 Python 的类与对象：类的定义、类的封装与继承。类的定义主要讲述类属性和内置方法的使用；类的封装主要讲述类的私有属性、公有属性、私有方法和普通方法的差异与使用；类的继承主要讲述类与类之间的继承关系、属性与方法的读取和重写。

6.1　类的使用

Python 是面向对象的编程语言，对象不是我们常说的男女对象，而是一种抽象概念。编程是为实现某些功能或解决某些问题，在实现的过程中，需要将实现过程具体化。好比现实中某些例子，如超市购物，在超市购物的时候，购买者挑选自己所需的物品并完成支付，这是一个完整的购物过程。在这个过程中，购买者需要使用自己的手和脚去完成一系列的动作，如挑选自己物品，走到收银台完成支付。

如果使用编程的语言解释这个购物过程，这个购买过程好比主程序，购买者可被比喻成一个对象，购买者的手和脚就是对象的属性或方法。购买的过程由购买者的手和脚完成，相当于主程序的代码是由对象的属性或方法来实现。

类是对象的一个具体描述，对象的属性和方法都是由类进行定义和设置的。类主要分为属性和方法，属性就好比人的姓名、性别和学历等，用于对人的描述；方法就如人的四肢和五官，可以实现某些简单的操作。完整的类定义的语法如下：

```python
class Person(object):
    # 定义静态属性
    name = '小黄'

    # 定义动态属性
    def __init__(self):
        """ __init__是类的初始化方法 """
        self.age = '18'

    # 定义普通方法
    def foot(self):
        """ 至少有一个self参数 """
        print('这是我的脚，由普通方法实现')

    # 定义类方法，由classmethod装饰器实现
    @classmethod
    def class_hand(cls):
        """ 至少有一个cls参数 """
        print('这是我的手，由类方法实现')

    # 定义静态方法，由staticmethod装饰器实现
    @staticmethod
    def static_mouth():
        """ 无默认参数"""
        print('这是我的嘴，由静态方法实现')

if __name__ == '__main__':
    # 获取静态属性
    # 方法1，直接调用
    print('静态属性：', Person.name)
    # 方法2，实例化后再调用
    person = Person()
    print('静态属性：', person.name)

    # 获取动态属性
    person = Person()
    print('动态属性：', person.age)
```

```
# 调用普通方法
person = Person()
person.foot()

# 调用类方法
# 方法 1，直接调用
Person.class_hand()
# 方法 2，实例化后再调用
person = Person()
person.class_hand()

# 调用静态方法
# 方法 1，直接调用
Person.static_mouth()
# 方法 2，实例化后再调用
person = Person()
person.static_mouth()
```

　　类的定义由关键词 class 实现，关键词 class 后面为类名，这个可以自定义命名；类名后面是一个小括号和 object 类，这是 Python 的新式类。Python 的类分为新式类和经典类，经典类在日常开发中不建议使用，现在都是使用新式类进行定义。有关 Python 的新式类和经典类此处不做详细讲述，有兴趣的读者可以自行研究。

　　在上述类的定义语法中，Person 类定义了类的属性和方法，类属性又分为静态属性和动态属性；类的方法分为普通方法、类方法和静态方法。静态属性和动态属性的最大区别在于使用方式的不同，前者具备两种使用方式，后者需要将类实例化后才能使用。普通方法、类方法和静态方法也是如此，前者只能实例化后才能使用，后两者具备两种使用方式。

　　在类定义中，我们留意到关键词 self，这个关键字代表类本身，这也说明带有 self 的变量或方法是当前类所定义的动态属性或方法。代码运行结果如图 6-1 所示。

```
静态属性：  小黄
静态属性：  小黄
动态属性：  18
这是我的脚，由普通方法实现
这是我的手，由类方法实现
这是我的手，由类方法实现
这是我的嘴，由静态方法实现
这是我的嘴，由静态方法实现
```

图 6-1　类定义的运行结果

在定义类的时候，类会自动生成许多内置方法。如代码中的__init__初始化方法，类在实例化的时候，首先自动执行__init__初始化方法。上述的 Person 类是自定义类的初始化方法，如果在定义类的时候，没有特殊要求，可以不用重写初始化方法。如果在初始化方法里面设置类的参数，在调用类的时候，类的实例化也应设置相应的参数。具体的使用方式如下述代码所示：

```python
class Person(object):
    def __init__(self, name):
        """ 重写 __init__ 并设置实例化参数 name """
        self.name = name


if __name__ == '__main__':
    # Person 类在实例化时必须设置参数 name 的值
    person = Person('小黄')
    print(person.name)
```

上述代码演示了__init__初始化方法的使用方式，在实际的开发中，是否重写初始化方法应根据功能实现方式而决定。此外，类还具有以下常用的内置方法，如表 6-1 所示。

表 6-1   类的内置方法

类的内置方法	说　　明
__init__(self,...)	初始化方法，在类实例化的时候执行调用
__del__(self)	释放类对象，在对象被删除之前执行调用
__new__(cls, *args, **kwd)	在类实例化生成对象时执行，先执行该方法再执行初始化方法
__str__(self)	在使用 print 时被调用
__getitem__(self, key)	获取索引 key 对应的值，等价于 seq[key]
__len__(self)	在调用内联函数 len()时被调用，计算数值长度
__cmp__(stc, dst)	两个类 stc 和 dst 的比较
__getattr__(s, name)	获取 name 属性的值
__setattr__(s, name, value)	设置 name 属性的值
__delattr__(s, name)	删除 name 属性
__getattribute__()	__getattribute__()功能与__getattr__()类似
__gt__(self, other)	判断类本身是否大于 other 类
__lt__(slef, other)	判断类本身是否小于 other 类
__ge__(slef, other)	判断类本身是否大于或者等于 other 类
__le__(slef, other)	判断类本身是否小于或者等于 other 类

（续表）

类的内置方法	说　明
__eq__(slef, other)	判断类本身是否等于 other 类
__call__(self, *args)	把类实例作为函数调用

类的使用在上述例子中已经有所提及，在调用类的属性和方法之前，建议将类实例化后再使用。类的实例化也称为对象，类在实例化之后，可以直接调用类的属性或方法来实现某些功能或操作，这就是面向对象的编程思想。

6.2　类的封装

封装在我们日常生活中都能看到和接触到，比如在使用支付宝进行付款的时候，只需要把二维码给收款方或扫一下收款方提供的二维码就可以完成支付，无需知道程序如何解析二维码以及资金的交易流向，其整个支付功能就可以理解为是经过封装处理。从这个例子得知，封装是将程序中某些功能的执行过程写到函数或类里面，当程序调用函数或类时即可实现程序的功能。

Python 的类可以分成两层封装，类在实例化时所生成的对象看作一个已经封装好的对象，调用对象的属性或方法来实现某些功能，这是类的第一层封装。有时候需要把类里面的某些属性或方法封装起来，将其设置为类的私有属性或方法，使得这些属性和方法只能在类的内部使用，无法在类的外部调用，这是类的第二层封装。

对于类的第一层封装，相信读者在第 6.1 节中有所了解，本节就不再讲述。类的第二层封装主要是将类的属性或方法设置为私有，只允许在类的内部使用。定义私有属性或方法只需要在属性名和方法名之前加双下划线即可，具体的代码如下：

```python
class Person(object):
    # 定义私有属性 name 和公有属性 age
    def __init__(self, name):
        self.__name = name
        self.age = 10
    # 定义私有方法
    def __get_age(self):
        """ 在方法名前面加双下划线"""
        return self.age
    # 定义普通方法
```

```
        def get_name(self):
            return self.__name
    if __name__ == '__main__':
        p = Person('Lili')
        # 读取公有属性和普通方法
        print('公有属性 age 的属性值:', p.age)
        print('公有方法 get_name 的返回值:', p.get_name())

        # 强制读取私有属性和调用私有方法
        print('强制读取私有属性，属性值: ', p._Person__name)
        print('强制调用私有方法，返回值: ', p._Person__get_age())
```

上述代码分别定义私有属性__name、公有属性 age、私有方法__get_age 和普通方法 get_name。在主程序中，将类实例化生成对象 p，然后对象 p 只能获取公有属性 age 的属性值和调用公有方法 get_name，如果对象 p 调用私有属性__name 和私有方法__get_age，程序会提示 AttributeError: 'Person' object has no attribute '__name'等错误信息。但这并不代表无法在类的外部读取私有属性和调用私有方法，可以使用强制性的方式来获取私有属性和调用私有方法，如 p._Person__name 或 p._Person__get_age()，但在日常开发中，则不提倡这种强制性的操作方式。代码运行结果如图 6-2 所示。

```
公有属性age的属性值: 10
公有方法get_name的返回值: Lili
强制读取私有属性，属性值: Lili
强制调用私有方法，返回值: 10
```

图 6-2 类封装的运行结果

6.3 类的继承

继承常用于父母与子女之间，比如子女的外貌长得像父母，这是因为子女的基因是来自于父母。编程语言中的继承也是如此，比如在定义 Student 类的时候，可以使 Student 类继承 Person 类，使得子类 Student 拥有父类 Person 的所有属性和方法，而且子类 Student 可重写父类的属性和方法或自定义新的属性和方法。下面通过示例来说明类的继承：

```
# 定义父类 Person
class Person(object):
```

```
    # 定义私有属性 name 和公有属性 age
    def __init__(self, name):
        self.__name = name
        self.age = 10
    # 定义私有方法
    def __get_age(self):
        """ 在方法名前面加双下划线"""
        return self.age
    # 定义普通方法
    def get_name(self):
        return self.__name


# 定义子类 Student
class Student(Person):
    # 自定义普通方法
    def student_name(self):
        # 继承 Person，通过强制操作方式来获取父类的私有属性
        return self._Person__name


if __name__ == '__main__':
    s = Student('Lucy')
    # 调用父类的普通方法 get_name
    print('调用父类的普通方法：', s.get_name())
    # 调用父类的私有方法
    print('调用父类的私有方法：', s._Person__get_age())
    # 调用自定义的普通方法 student_age
    print('这是 Student 类的名字：', s.student_name())
```

从子类 Student 的定义来看，类名 Student 后面的小括号里 Person 是指向父类 Person，这是将 Student 类继承 Person 类，如果 Student 类需要继承多个类，可以在小括号里填写，每个类之间使用英文格式的逗号隔开。在子类 Student 里面，只是定义了普通方法 student_name，由于它的父类是 Person，因此它还具有父类的属性__name 和 age、父类的方法__get_age 和 get_name。

在主程序中，子类 Student 首先实例化生成对象 s，在实例化时需要设置参数，因为子类 Student 继承了父类 Person 的初始化方法__init__。对象 s 可以调用 Student 所有的属性和方法，对于父类的私有属性和私有方法可以使用强制性的操作方式来实现。代码运行结果如图 6-3 所示。

```
调用父类的普通方法： Lucy
调用父类的私有方法： 10
这是Student类的名字： Lucy
```

图 6-3　类继承的运行结果

6.4　实战：编写"过家家"游戏

我们根据类的特性可以使用类来实现一些日常生活的场景。以某一个家庭的日常生活为例，这个家庭中有三个成员：父亲、母亲和儿子，三者组成一个家庭，每个人有自己的姓名、年龄及个人小秘密。

细心分析这个场景可以发现，一个家庭里有三个成员，每个成员有自己的一些特性，但又隶属于这个家庭。从编程的角度来看，家庭可以定义为一个父类，父类的属性是家庭每个成员共有的特性，而每个成员为一个子类，子类具有父类的属性之外，还有一些自己特有的属性。根据上述分析，得到功能代码：

```python
import random
class Family():
    # 自定义初始化方法
    def __init__(self, surname, address, income):
        """ 设置家庭姓氏 """
        self.surname = surname
        self.address = address
        self.income = income


class Father(Family):
    def __init__(self, name, age):
        """ 继承父类的动态属性 """
        super(Family, self).__init__()
        # 定义动态属性
        self.name = name
        self.age = age
        self.__secret = '我外面有人'
    def action(self):
        money = random.randint(100, 1000)
        return money
```

```python
class Mother(Family):
    def __init__(self, name, age):
        """ 继承父类的动态属性 """
        super(Family, self).__init__()
        # 定义动态属性
        self.name = name
        self.age = age
        self.__secret = '我存有很多私房钱'
    def action(self):
        money = random.randint(100, 500)
        return -money


class Son(Family):
    def __init__(self, name, age):
        """ 继承父类的动态属性 """
        super(Family, self).__init__()
        # 定义动态属性
        self.name = name
        self.age = age
        self.__secret = '我喜欢隔壁的小花'
    def action(self):
        money = random.randint(0, 100)
        return -money


if __name__ == '__main__':
    # 将 4 个类实例化，生成对象
    family = Family('李', '广州市', 1000)
    father = Father('利海', 35)
    mother = Mother('郝玫丽', 33)
    son = Son('豪烨', 10)

    # 家庭的自我介绍
    print('这是一个姓' + family.surname +
'的家庭，他们生活在' + family.address)
    print('我是父亲—' + family.surname + father.name +
',今年' + str(father.age) + '岁。')
    print('我是母亲—' + mother.name +
',今年' + str(mother.age) + '岁。')
    print('我是儿子—' + family.surname + son.name +
',今年' + str(son.age) + '岁。')
```

```
# 家庭费用开支
father_money = father.action()
family.income += father_money
print('父亲今天赚了' + str(father_money) + '元,
家庭资产剩余' + str(family.income))
mother_money = mother.action()
family.income += mother_money
print('母亲今天花了' + str(-mother_money) + '元,
家庭资产剩余' + str(family.income))
son_money = son.action()
family.income += son_money
print('儿子今天花了' + str(-son_money) + '元,
家庭资产剩余' + str(family.income))

# 家庭成员的小秘密
print('父亲告诉你一个小秘密: ' + father._Father__secret)
print('母亲告诉你一个小秘密: ' + mother._Mother__secret)
print('儿子告诉你一个小秘密: ' + son._Son__secret)
```

上述代码定义了4个类，父类是Family，子类分别是Father、Mother和Son。代码中调用标准库 random，用于生成随机数字，作为家庭的日常收支情况。我们对代码进行分析说明。

- Family类：用于描述家庭的基本情况，如这个家庭的姓氏、住址和资产。在初始化方法里分别设置动态属性surname、address以及income，代表家庭的姓氏、住址和资产。
- Father、Mother和Son类：用于描述各个家庭成员。在重写初始化方法的时候，使用super(Family, self).__init__()可以把父类的初始化方法所定义的动态属性surname、address以及income一并继承到子类的初始化方法。如果不使用super函数的话，子类重写初始化方法会覆盖父类的初始化方法。若想子类也继承父类的属性，要么在子类重写初始化方法时重新定义父类的属性，要么就使用super函数继承。

每个子类都定义了动态属性 name 和 age，私有属性__secret 以及普通方法 action。在子类实例化的时候需要设置动态属性 name 和 age 的属性值；私有属性__secret 是通过强制性方法调用属性值；在调用普通方法 action 时就会自动生成一个随机整数并将数值返回，这是用于家庭资产的计算。

在代码的主程序中，通过 print 函数来实现家庭信息的输出，运行结果如图 6-4 所示。

```
这是一个姓李的家庭，他们生活在广州市
我是父亲—李利海，今年35岁。
我是母亲—郝玫丽，今年33岁。
我是儿子—李豪烨，今年10岁。
父亲今天赚了229元，家庭资产剩余1229
母亲今天花了314元，家庭资产剩余915
儿子今天花了75元，家庭资产剩余840
父亲告诉你一个小秘密：我外面有人
母亲告诉你一个小秘密：我存有很多私房钱
儿子告诉你一个小秘密：我喜欢隔离的小花
```

图 6-4　家庭信息隔壁

6.5　本章小结

　　类是对象的一个具体描述，对象的属性和方法都是通过类进行定义和设置的。类主要分为属性和方法，属性就好比如人的姓名、性别和学历等，用于对人的描述；方法就如人的四肢和五官，可以实现某些简单的操作。

　　类的定义由关键词 class 实现，关键词 class 后面为类名，这个可以自定义命名；类名后面是一个小括号和 object 类，这是 Python 的新式类。Python 的类分为新式类和经典类，经典类在日常开发中不建议使用，现在都是使用新式类进行定义。

　　Python 的类可以分成两层的封装，类在实例化时所生成的对象可看作一个已经封装好的对象，调用对象的属性或方法来实现某些功能，这是类的第一层封装。有时候需要把类里面的某些属性或方法封装起来，将其设置为类的私有属性或方法，使得这些属性和方法只能在类的内部使用，无法在类的外部调用，这是类的第二层封装。

　　继承常用于父母与子女之间，比如子女的外貌长得像父母，这是因为子女的基因来自于父母。编程语言中的继承也是如此，比如在定义 Student 类的时候，可以使 Student 类继承 Person 类，使得子类 Student 拥有父类 Person 的所有属性和方法，而且子类 Student 可重写父类的属性和方法或自定义新的属性和方法。

第 7 章

异常机制

本章讲述 Python 的异常机制，包括：异常概念与类型、捕捉异常以及自定义异常。异常概念与类型是解读 Python 的异常信息和列举内置异常类，通过异常信息找出对应的异常类；捕捉异常是在代码里设置异常机制，代码运行中出现异常可进行捕捉和处理；自定义异常是在继承异常类的基础上进行定义，并自行抛出异常类，从而控制程序的运行逻辑。

7.1 了解异常

异常机制是指对程序运行过程中出现错误而进行处理操作，一般情况下，程序在运行中出现错误会停止运行并发送错误信息，倘若在程序中加入异常机制，当程序运行中出现错误的时候，它会捕捉错误信息并执行相应的处理，这样能使程序继续保持运行状态。

想要了解 Python 的异常机制，首先要了解异常的定义及一些常见的异常。异常是程序在执行过程中出现问题而导致程序无法执行，如程序的逻辑或算法错误、计算机的资源不足或 IO 错误等。不管哪一种异常，只要程序在运行中出现错误都可认为是异常，并且抛出异常信息，我们可以根据异常信息了解异常的具体信息，如图 7-1 所示。

```
Traceback (most recent call last):
  File "F:/aa.py", line 2, in <module>
    s = Student('Lucy')
NameError: name 'Student' is not defined
```

图 7-1　异常信息

从异常信息可以看到，Traceback 是异常跟踪的信息，从 File "F:/aa.py", line 2 得知，在 aa.py 文件里的第二行代码出现错误；s = Student('Lucy')是程序错误的具体位置。最后一行的错误信息是这个异常的错误类型及说明错误原因的提示信息：NameError 是错误类型；name 'Student' is not defined 是错误原因，这个错误原因是指代码中的 Student 没有定义。

Python 的异常是由类定义的，所有的异常都来自于 BaseException 类，不同类型的异常都继承自父类 BaseException，具体的结构如图 7-2 所示。

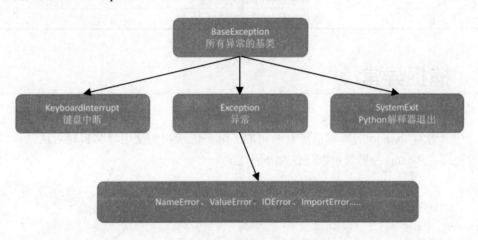

图 7-2　异常类的结构

从图上可以看到，BaseException 的子类有 KeyboardInterrupt、Exception 和 SystemExit，而所有的异常都是由子类 Exception 定义和描述，这里以表格的形式列出一些常见的异常，如表 7-1 所示。

表 7-1　Python 的异常类

异 常 类	说　　明
AttributeError	访问一个对象没有的属性，比如 foo.x，但是 foo 没有属性 x
IOError	输入/输出异常，如无法打开文件
ImportError	无法引入模块或包，通常是路径问题或名称错误
IndentationError	语法错误，代码没有正确对齐

（续表）

异 常 类	说 明
IndexError	下标索引超出序列边界
KeyError	访问字典里不存在的键
KeyboardInterrupt	用户中断执行
NameError	访问一个没有申明的变量或对象
SyntaxError	语法错误，代码出现错误
TypeError	传入对象类型与定义的不符合
UnboundLocalError	访问一个还未被设置的局部变量
ValueError	传入无效的参数或数值
UnicodeError	编码的相关错误
TabError	Tab 和空格混用
MemoryError	计算机的内存溢出错误
OverflowError	数值运算超出最大限制

7.2 捕捉异常

相信读者对 Python 的异常信息有一定的了解，现在我们使用异常机制对这些异常进行捕捉并处理。Python 的异常机制语法如下：

```
try:
    # 程序运行的代码
except NameError as err:
    # 只捕捉 NameError 的错误类型
    print('错误啦，错误信息是：', err)
except Exception as err:
    # 捕捉全部的错误类型
    print('错误啦，错误信息是：', err)
except:
    # 捕捉全部的错误类型，但没有错误信息
    print('错误啦')
else:
    print('如果没有异常就执行此处的代码')
finally:
    print('不管是否有异常都会执行此处的代码')
```

完整的异常机制语法由 4 个关键词组成：try、except、else 和 finally。每个关键词都有不同的作用，其中关键词 try 和 except 是必不可少的，else 和 finally 可以根据实际需求来决定是否添加。4 个关键词的具体说明如下。

- try：用于监测程序代码是否出现异常，监测的代码可以是程序的全部代码或者程序的部分代码。
- except：用于捕捉异常信息并对异常进行处理，若关键词后面设置异常类型，在捕捉过程中根据异常类型而选择相应的except。
- else：如果关键词try的代码里面没有出现异常，程序就会执行此关键词里面的代码。
- finally：不管关键词try是否出现异常，当关键词try、except或else的代码执行完成后，最终程序会自动执行此关键词里面的代码。

我们通过一个简单的例子来说明如何使用 Python 的异常机制，例子代码如下所示：

```python
if __name__ == '__main__':
    try:
        s = Student('Lucy')
        pass
    except NameError as err:
        print('这是 NameError 错误，错误信息是：', err)
    except Exception as err:
        print('这是 Exception 错误，错误信息是：', err)
    else:
        print('如果没有异常就执行此处的代码')
    finally:
        print('不管是否有异常都会执行此处的代码')
```

由于 Student 是未定义的变量或对象，因此程序在执行过程中会出现 NameError 异常，异常信息会被 except NameError as err 所捕捉并执行相应的处理，最后程序还会执行关键词 finally 里面的代码。

若将 except NameError as err 及其代码删除或注释后，当程序中再次出现 NameError 异常，它会被 except Exception as err 所捕捉并处理。这说明在一个异常机制中，如果设置多个关键词 except，当出现异常的时候，异常捕捉是从上至下执行，只要符合其中一个捕捉条件，程序就会执行该 except 里面的代码。

此外，一个异常机制可以支持多个异常机制的嵌套，但嵌套过多会使代码结构变得相当复杂，不利于维护和阅读。异常机制的嵌套如下所示：

```
if __name__ == '__main__':
    try:
        s = Student('Lucy')
    except Exception as err:
        try:
            print('这是第一个 Exception 错误，错误信息是：', err)
            s = Student('Lucy')
        except Exception as error:
            print('这是第二个 Exception 错误，错误信息是：', err)
```

7.3 自定义异常

异常一般是由程序在运行过程中遇到错误的时候而生成的，但有时候我们也需要自己
抛出一些异常信息，让程序去捕捉和处理。自定义异常抛出除了监测错误之外，还可以用
于代码的布局设计和程序的逻辑控制，通过抛出异常可以执行不同的代码块。自定义异常
抛出由关键词 raise 实现，关键词后面填写异常的类型及异常信息，具体示例如下：

```
if __name__ == '__main__':
    try:
        raise NameError('自定义异常抛出')
    except Exception as err:
        print('这是 Exception 错误，错误信息是：', err)
```

上述示例是我们主动抛出 NameError 异常，NameError 是已定义好的异常类。如果在自
定义异常抛出或异常捕捉的时候不想使用 Python 内置的异常类，可以自定义一个异常类，
只要将自定义异常类继承 Exception 类即可。在自定义抛出异常或异常捕捉的时候，在关键
词 raise 或 except 后面写上自定义异常类型即可，具体示例代码如下：

```
# 自定义异常类型
class MyError(Exception):
    pass
if __name__ == '__main__':
    try:
        # 抛出自定义异常
        raise MyError('自定义异常抛出')
    # 捕捉自定义异常类
    except MyError as err:
        print('这是 MyError 错误，错误信息是：', err)
```

在自定义异常类 MyError 中，代码中的 pass 是一个空语句，这是为了保持程序结构的完整性，它不会做任何事情，只用于占位。

7.4 实战：编写"角色扮演"游戏

狼人游戏是比较流行的桌上游戏，游戏中主要由狼人、特殊村民和普通村民组成，狼人的目标是吞食所有村民，而村民的目标则是找出隐藏在村民中的狼人并消灭他们。整个游戏的实质就是通过一些线索去猜测推理每个人的真实身份，根据这个游戏本质，我们将游戏的规则进行细微的调整。具体的游戏设计说明如下：

（1）自定义两个异常类，以控制角色猜测的错误次数和判断胜利的条件。

（2）定义玩家与角色，并将两者随机匹配，使得每一次游戏的玩家角色不会重复。

（3）每个玩家只能对其身份进行两次猜测，总错误次数不能超过 5 次，否则游戏结束。

（4）如果每个玩家的身份都猜对了，则游戏胜利。

根据上述设定的游戏规则，编写游戏的功能代码，如下所示：

```python
import random
# 自定义异常类
class MuchError(Exception):
    pass
class Victory(Exception):
    pass


# 定义玩家与角色
player = ['小黄', '小黑', '小白', '小红']
role = ['女巫', '猎人', '狼人', '村民',
        '守卫', '长老', '预言家', '白狼王']
# 将玩家与角色的顺序打乱并匹配
player = random.sample(player, len(player))
role = random.sample(role, len(player))
print('游戏中全部身份有：' + '、'.join(role))
matching = {}
for t in range(len(player)):
    matching[player[t]] = role[t]
```

```
# 游戏逻辑
try:
    result, err = 0, 0
    for t in player:
        for i in range(2):
            guess = input('你认为' + t + '的身份是：')
            if guess == matching[t]:
                result += 1
                print('你猜对了')
                break
            else:
                err += 1
                print('猜错了，你还有'+ str(1-i) + '次机会')
        if err > 5:
            raise MuchError('错误次数已超出 5 次，游戏结束')

    if result == len(player):
        raise Victory('恭喜你，全部猜对了')

except MuchError as errInfo:
    print(errInfo)
```

整段代码主要分为 3 部分：自定义异常类、玩家与角色设定与匹配和游戏逻辑。其中游戏逻辑是整个游戏的核心代码，它是在一个 **try…except** 机制里完成，具体说明如下：

（1）首先将每位玩家进行循环遍历，保证每位玩家都可以进行身份猜测。

（2）然后对每位玩家再循环两次，代表每位玩家的身份有两次猜测机会，每循环一次都会执行 if…else 判断，判断猜测结果是否正确。

（3）最后分别判断错误次数 err 和正确次数 result。如果错误次数大于 5，抛出自定义异常 MuchError，直接终止 try 里面的所有 for 循环，并控制程序执行。如果正确次数等于 4，也就是全部玩家的身份都猜测正确了，就会抛出自定义 Victory 异常。

7.5 本章小结

异常机制是对程序运行过程中出现错误而进行处理操作，一般情况下，程序在运行中出现错误会停止运行并发送错误信息，倘若在程序中加入异常机制，当程序运行中出现错误的时候，它会捕捉错误信息并执行相应的处理，这样能使程序继续保持运行状态。

完整的异常机制语法由 4 个关键词组成：try、except、else 和 finally。每个关键词都有不同的作用，其中关键词 try 和 except 是必不可少的，else 和 finally 可以根据实际需求来决定是否添加。4 个关键词的具体说明如下。

- try：用于监测程序代码是否出现异常，监测的代码可以是程序的全部代码或者程序的部分代码。
- except：用于捕捉异常信息并对异常进行处理，若关键词后面设置异常类型，在捕捉过程中根据异常类型而选择相应的except。
- else：如果关键词try的代码里面没有出现异常，程序就会执行此关键词里面的代码。
- finally：不管关键词try是否出现异常，当关键词try、except或else的代码执行完成后，最终程序会自动执行此关键词里面的代码。

异常一般是由程序在运行过程中遇到错误的时候而生成的，但有时候我们需要自己抛出一些异常信息，让程序去捕捉和处理此类异常，称为自定义异常。自定义异常除了监测错误之外，还可以用于代码的布局设计和程序的逻辑控制，通过抛出异常可以执行不同的代码块。自定义异常抛出由关键词 raise 实现，关键词后面是填写异常的类型及异常信息

如果在自定义异常抛出或异常捕捉的时候不想使用 Python 内置的异常类，也可以自定义一个异常类，只要使自定义异常类继承 Exception 类即可。

第 **8** 章

网页自动化开发

本章讲述如何在 Python 中使用 Selenium 实现网页自动化开发，主要介绍 Selenium 的概念、开发环境搭建、Selenium 模拟用户打开浏览器并实现自动操控浏览器的网页，如单击、鼠标拖拉和文本输入等操作。

8.1 了解 Selenium

Selenium 是一个用于网站应用程序自动化的工具。它可以直接运行在浏览器中，就像真正的用户在操作一样。它支持的浏览器包括 IE、Mozilla Firefox、Safari、Google Chrome 和 Opera 等，同时支持多种编程语言，如.Net、Java、Python 和 Ruby 等。

Jason Huggins 在 2004 年发起了 Selenium 项目，这个项目主要是为了不想让自己的时间浪费在无聊的重复性工作中。因当时测试的浏览器都支持 JavaScript，Jason 和他所在的团队就采用 JavaScript 编写了一种测试工具——JavaScript 类库，来验证浏览器页面的行为。这个 JavaScript 类库就是 Selenium core，同时也是 seleniumRC、Selenium IDE 的核心组件，Selenium 由此诞生。

从 Selenium 诞生至今一共发展了 3 个版本：Selenium 1.0、Selenium 2.0 和 Selenium 3.0。每个版本的更新都有一些变化，下面大概了解一下各个版本的信息：

- Selenium 1.0: 主要由 Selenium IDE、Selenium Grid 和 Selenium RC 组成。Selenium IDE 是嵌入到浏览器的一个插件，由于实现简单的浏览器操作的录制与回放功能；Selenium Grid 是一种自动化的辅助工具，通过利用现有的计算机基础设施，能加快网站自动化操作；Selenium RC 是 Selenium 家族的核心部分，支持多种不同开发语言编写的自动化脚本，通过 Selenium RC 的服务器作为代理服务器去访问网站应用，从而达到自动化目的。

- Selenium 2.0: 该版本在 1.0 版本的基础上结合了 Webdriver。Selenium 通过 Webdriver 直接操控网站应用，解决了 Selenium 1.0 存在的缺点。WebDriver 针对各个浏览器而开发，取代了网站应用的 JavaScript。目前大部分自动化技术都是以 Selenium 2.0 为主，这也是本书主要讲述的内容。

- Selenium 3.0: 这个版本做了不大不小的更新。如果是使用 Java 开发只能在 Java 8 以上的开发环境，如果以 IE 浏览器作为自动化浏览器，浏览器必须在 IE 9 版本或以上。

从 Selenium 的各个版本信息可以了解到，它必须在浏览器的基础上才能实现自动化。目前浏览器的种类繁多，比如搜狗浏览器、QQ 浏览器和百度浏览器等，这些浏览器大多数是在 IE 内核、Webkit 内核或 Gecko 内核的基础上开发而成的。为了统一浏览器的使用，Selenium 主要支持 IE、Mozilla Firefox、Safari、Google Chrome 和 Opera 等主流浏览器。

Selenium 发展至今，不仅在自动化测试和自动化流程开发的领域上占据着重要的位置，而且在网络爬虫上也被广泛使用。

8.2 安装 Selenium

由于 Selenium 支持多种浏览器，本书以 Google Chrome 作为讲述对象。搭建 Selenium 开发环境需要安装 Selenium 库并且配置 Google Chrome 的 WebDriver。安装 Selenium 库可以使用 pip 指令完成，具体的安装指令如下：

```
pip install selenium
```

Selenium 安装完成后，我们在 CMD 环境下验证 Selenium 是否安装成功。在 CMD 里输入"python"并按回车，就会进入 Python 的交互模式。在交互模式下依次输入以下代码：

```
>>> import selenium
>>> selenium.__version__
'3.14.0'
```

从上述代码可知，在Python的交互模式下成功地导入了Selenium库，并且当前Selenium库的版本信息为 3.14.0。Selenium 的安装相对较为简单，接下来安装 Google Chrome 的 WebDriver。首先打开 Google Chrome 并查看当前的版本信息，在浏览器中找到"自定义及控制 Google Chrome"→"帮助(E)"→"关于 Google Chrome(G)"按钮，如图8-1所示。

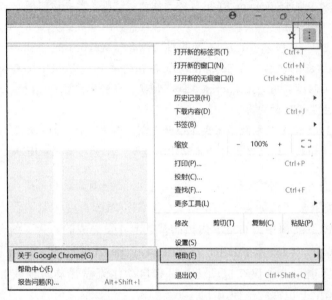

图 8-1　浏览器版本查看方法

除了上述方法之外，还可以在浏览器的地址栏上直接输入 chrome://settings/help 并按回车即可查看浏览器的版本信息。版本信息如图8-2所示。

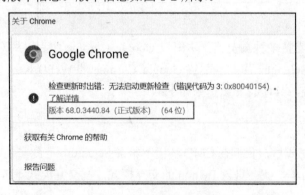

图 8-2　浏览器版本信息

从图 6-2 中可以得知，当前 Google Chrome 的版本为 68，根据版本信息找到与之对应的 WebDriver 版本。Google Chrome 与 WebDriver 版本对照表如表 8-1 所示。

表 8-1　Google Chrome 与 WebDriver 版本对照表

chromedriver 版本（WebDriver）	Google Chrome 版本
v2.40	v66-68
v2.39	v66-68
v2.38	v65-67
v2.37	v64-66
v2.36	v63-65
v2.35	v62-64
v2.34	v61-63
v2.33	v60-62
v2.32	v59-61
v2.31	v58-60

根据浏览器的版本号与对照表可以知道，chromedriver（WebDriver）版本号应为 v2.40 或 v2.39。在浏览器上访问 http://npm.taobao.org/mirrors/chromedriver/并找到 v2.40 所在位置，进入 v2.40 并单击 chromedriver_win32.zip 的下载链接。把下载的 chromedriver_win32.zip 进行解压，然后双击运行 chromedriver.exe，查看 chromedriver 的版本信息，如图 8-3 所示。

图 8-3　chromedriver 的版本信息

确认 chromedriver 的版本信息无误之后，我们将 chromedriver.exe 直接放置在 Python 的安装目录，比如本书的 Python 安装目录在 E:\Python，如图 8-4 所示。

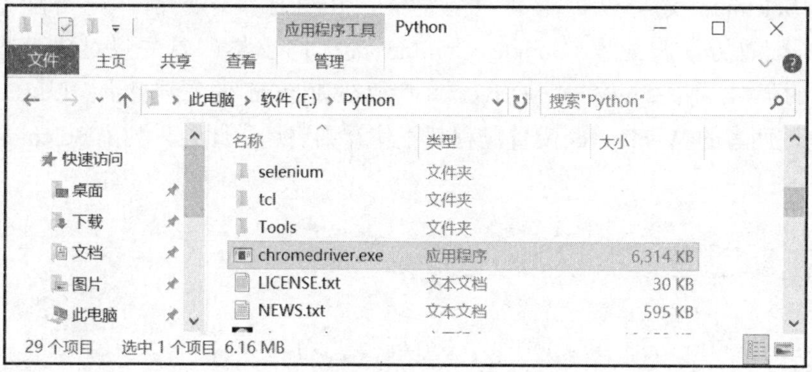

图 8-4　chromedriver.exe 存放位置

完成 Selenium 库的安装以及 chromedriver 的配置后，在 PyCharm 里创建一个 test.py 文件，编写以下代码来验证 Selenium 是否能自动启动并控制 Google Chrome。代码如下：

```
# 导入 Selenium 的 webdriver 类
from selenium import webdriver
# 设置变量 url，用于浏览器访问
url = 'https://www.baidu.com/'
# 将 webdriver 类实例化，将浏览器设定为 Google Chrome
# 参数 executable_path 是设置 chromedriver 的路径
path = 'E:\\Python\\chromedriver.exe'
browser = webdriver.Chrome(executable_path=path)
# 打开浏览器并访问百度网址
browser.get(url)
```

上述代码分为三个步骤：导入 Selenium 库的 webdriver 类、webdriver 类实例化并指定浏览器、打开浏览器访问网址。注意，如果 chromedriver.exe 存放在 Python 的安装目录，在 webdriver 类实例化的时候，无需设置参数 executable_path；但 chromedriver.exe 存放在其他目录，在实例化的时候要设置参数 executable_path 来指向 chromedriver.exe 所在的位置。上述代码运行后，程序会自动打开一个新的 Google Chrome，如图 8-5 所示。

图 8-5　Selenium 控制 Google Chrome

此外，Selenium 还可以控制其他浏览器，在执行程序之前，记得配置浏览器的 WebDriver，配置方法与配置 Google Chrome 的大同小异。首先通过浏览器版本确认 WebDriver 的版本，然后下载 WebDriver 并存放在 Python 的安装目录。以 IE 和 Mozilla Firefox 为例，两者的 WebDriver 配置过程就不作详细讲述，此处只列出 Selenium 的具体代码，如下所示：

```
# 启动火狐浏览器
from selenium import webdriver
browser = webdriver.Firefox()
browser.get('http://www.baidu.com/')


# 启动 IE 浏览器
```

```
from selenium import webdriver
browser = webdriver.Ie()
browser.get('http://www.baidu.com/')
```

8.3　浏览器查找元素

在上一节中已经部署了 Selenium+chromedriver 的开发环境，在真正的开发之前，还需要学会利用浏览器来查找网页元素。因为 Selenium 是通过程序来自动操控网页的控件元素，比如单击某个按钮、输入文本框内容等，若网页中有多个同类型的元素，好比有多个按钮，想要 Selenium 精准地单击目标元素，需要将目标元素的具体信息告知 Selenium，让它根据这些信息在网页上找到该元素并进行操控。

网页的元素信息是通过浏览器的开发者工具来获取。以 Google Chrome 为例，在浏览器上访问豆瓣电影网(https://movie.douban.com/)，然后按快捷键 F12 打开 Chrome 的开发者工具，如图 8-6 所示。

图 8-6　网页信息

从图 8-6 中可以看到，开发者工具的界面共有 9 个标签页，分别是 Elements、Console、Sources、Network、Performance、Memory、Application、Security 和 Audits。开发者工具以 Web 开发调试为主，如果只是获取网页元素信息，只需熟练掌握 Elements 标签页即可。

Elements 标签页允许从浏览器的角度查看页面，也就是说，可以看到 Chrome 渲染页面所需要的 HTML、CSS 和 DOM（Document Object Model）对象。此外，还可以编辑内容更改页面显示效果。它一共分为两部分，左边是当前网页的 HTML 内容，右边是某个元素的 CSS 布局内容。查找元素信息以左边的 HTML 内容为主，在查找控件信息之前，首先了解 HTML 的相关知识。

HTML 是超文本标记语言，这是标准通用标记语言下的一个应用。"超文本"就是指页面内可以包含图片、链接，甚至音乐、程序等非文字元素。超文本标记语言的结构包括"头"部分（Head）和"主体"部分（Body），其中"头"部分提供关于网页的信息，"主体"部分提供网页的具体内容。通过一个简单 HTML 来进一步了解：

```html
# 声明为 HTML5 文档
<!DOCTYPE html>
# 元素是 HTML 页面的根元素
<html>
# 元素包含了文档的元（meta）数据
<head>
# 提供页面的元信息，主要是描述和关键词
<meta charset="utf-8">
# 元素描述了文档的标题
<title>Python</title>
</head>
# 元素包含了可见的页面内容
<body>
# 定义一个标题
<h1>我的第一个标题</h1>
# 元素定义一个段落
<p>我的第一个段落。</p>
</body>
</html>
```

一个完整的网页必定以<html></html>为开头和结尾，整个 HTML 可分为两部分：

（1）<head></head>是对网页的描述、图片和 JavaScript 的引用。<head> 元素包含所有的头部标签元素。在 <head>元素中可以插入脚本（scripts）、样式文件（CSS）及各种 meta 信息。该区域可添加的元素标签有<title>、<style>、<meta>、<link>、<script>、<noscript>和<base>。

（2）<body></body>是网页信息的主要载体。该标签下还可以包含很多类别的标签，不同的标签有不同的作用。每个标签都是以<>开头，以</>结尾，<>和</>之间的内容是标

签的值和属性，每个标签之间可以是相互独立的，也可以是嵌套、层层递进的关系。

根据这两个组成部分就能很容易地分析整个网页的布局。其中，<body></body>是整个 HTML 的重点部分，通过示例讲述如何分析<body></body>：

```
<body>
<h1>我的第一个标题</h1>
<div>
<p>Python</p>
</div>
<h2>
<p>
<a>Python</a>
</p>
</h2>
</body>
```

上述例子主要讲述"主体"部分（Body）的使用方式，我们对代码进行详细分析，说明如下：

（1）<h1>、<div>和<h2>是互不相关的标签，三个标签之间是相互独立的。

（2）<div>标签和<div>里面的<p>标签是嵌套关系，<p>的上一级标签是<div>。

（3）<h1>和<p>是两个毫无关系的标签。

（4）<h2>标签包含一个<p>标签，<p>标签再包含一个<a>标签，一个标签可以嵌套多个标签。

除上述示例的标签之外，大部分标签都可以在<body></body>中使用，常用的标签如表 8-2 所示。

表 8-2 HTML 的常用标签

HTML 标签	中文释义
<img>	图片，用于显示图片
<a></a>	锚，在网页中设置其他网址链接
<strong></strong>	加重（文本），文本格式之一
<em></em>	强调（文本），文本格式之一
<i></i>	斜体字，文本格式之一
<b></b>	粗体（文本），文本格式之一

（续表）

HTML 标签	中文释义
 	插入简单的换行符
<div></div>	分隔，块级元素或内联元素
<span></span>	范围，用来组合文档中的行内元素
<ol></ol>	有序列表
<ul></ul>	无序列表
<li></li>	列表项目
<dl></dl>	定义列表
<h1></h1> 到 <h6></h6>	标题 1 到标题 6
<p></p>	定义段落
<table></table>	创建表格
<tr></tr>	表格中的一行
<th></th>	表格中的表头
<td></td>	表格中的一个单元格

大致了解了 HTML 的结构组成，接下来使用开发者工具来查找网页元素。比如查找豆瓣电影网的搜索框在 HTML 里所在的位置，我们可以单击开发者工具的 按钮，然后将鼠标移到网页上的搜索框并单击，最后在 Elements 标签页里自动显示搜索框在 HTML 里的元素信息，具体操作如图 8-7 所示。

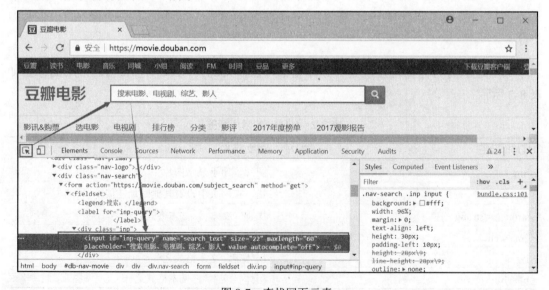

图 8-7 查找网页元素

从图上可以看到，网页中的搜索框是由<input>标签生成的，该标签的上一级标签是<div>。<input>标签有属性 id、name、size 和 maxlength 等，这些属性值是这个<input>标签特有的，我们可以通过这些属性值来告诉 Selenium，让它根据这些属性值去操控这个搜索框。

8.4　Selenium 定位元素

上一节我们学会了如何使用浏览器来查找网页元素，本节主要讲述如何将网页元素告知 Selenium，并让它自动操控网页。Selenium 定位网页元素主要是通过元素的属性值或者元素在 HTML 里的路径位置，定位方式一共有 8 种，如下所示：

```
# 通过属性 id 和 name 来实现定位
find_element_by_id()
find_element_by_name()

# 通过 HTML 标签类型和属性 class 实现定位
find_element_by_class_name()
find_element_by_tag_name()

# 通过标签值实现定位，partial_link 用于模糊匹配。
find_element_by_link_text()
find_element_by_partial_link_text()

# 元素的路径定位选择器
find_element_by_xpath()
find_element_by_css_selector()
```

我们将 8 种定位方式分为 4 组，分组标准是以每种定位方式的优缺点来进行划分。具体的说明如下：

（1）find_element_by_id 和 find_element_by_name 分别通过元素属性 id 和 name 的属性值来定位。如果被定位的元素不存在属性 id 或 name，则无法使用这种定位方式。通常情况下，一个网页中，元素的 id 或 name 的属性值是唯一的，如果多个元素的 id 或 name 相同，这种定位方式只能定位第一个元素。

（2）find_element_by_class_name 和 find_element_by_tag_name 分别通过元素属性 class 和元素标签类型进行定位。在一个网页里，属性 class 的属性值可以被多个元素使用，同一个元素标签也可以多次使用，正因如此，这两种定位方式只能定位符合条件的第一个元素。

（3）find_element_by_link_text 和 find_element_by_partial_link_text 是根据标签值进行定位。比如单击豆瓣电影网的排行榜，通过网页的文字来对元素进行定位。若网页中的文字并不是唯一，那么 Selenium 也是默认定位第一个符合条件的元素。

（4）find_element_by_xpath 和 find_element_by_css_selector 是由 xpath 和 css_selector 实现定位，两者是一个定位选择器，通过标签的路径来实现定位。标签的路径是指当前标签在整个 HTML 代码里的代码位置，比如<body>里的第二个<div>标签，<div>又嵌套<p>标签，那么<p>的路径为 body -> div[1] -> p。这种定位方式相对前面的定位较为精准，因为每个标签的路径都是唯一的。

我们以豆瓣电影网为例，具体讲述 8 种定位方式的使用，代码如下：

```
from selenium import webdriver
url = 'https://movie.douban.com/'
driver = webdriver.Chrome()
driver.get(url)
# 定位
driver.find_element_by_id('inp-query').send_keys('红海行动')
driver.find_element_by_name('search_text').send_keys('我不是药神')
```

find_element_by_id 和 find_element_by_name 都是定位网页的搜索框，并在搜索框里输入文本信息。文本框的元素信息如图 8-8 所示。

```
class_name = driver.find_element_by_class_name('nav-items').text
tag_name = driver.find_element_by_tag_name('div').text
print('由 class_name 定位: ', class_name)
print('由 tag_name 定位: ', tag_name)
```

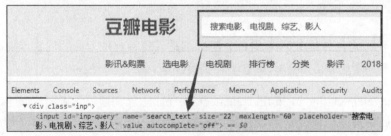

图 8-8　搜索框元素信息

上述两种方式分别用于定位不同的网页元素。class_name 定位 class 属性值为 nav-items 的标签，tag_name 定位 HTML 里面第一个<div>标签，两者定位元素后，再使用 text 方法来获取元素值并输出。元素信息如图 8-9 所示。

图 8-9 class_name 和 tag_name 定位元素

```
link_text = driver.find_element_by_link_text('排行榜').text
partial_text = driver.find_element_by_partial_link_text('部正在热映').text
print('由 link_text 定位：', link_text)
print('由 partial_link_text 定位：', partial_text)
```

上述代码是将网页中含有"排行榜"和"部正在热映"的内容进行定位，"排行榜"在网页中只出现一次，link_text 是对内容进行精准定位，比如网页中出现"排行榜"和"国语排行榜"，link_text 只能定位到"排行榜"。而"部正在热映"是网页内容"全部正在热映»"的部分内容，partial_link_text 是可以进行模糊匹配，所以 Selenium 会自动定位"全部正在热映»"这个元素。如图 8-10 所示。

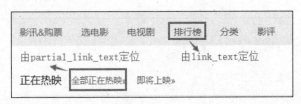

图 8-10 link_text 和 partial_link_text 定位元素

```
xpath = driver.find_element_by_xpath('//*
[@id="db-nav-movie"]/div[1]/div/div[1]/a').text
selector = driver.find_element_by_css_selector('#db-nav-movie
 > div.nav-wrap > div > div.nav-logo > a').text
print('由 xpath 定位：', xpath)
print('由 css_selector 定位：', selector)
```

例子中的定位选择器 xpath 和 css_selector 都是定位 class 属性值为 nav-logo 的<div>标签里的<a>标签，然后再获取该标签的值并输出。xpath 和 css_selector 的语法编写规则是各不相同。一般情况下，在 Google Chrome 里可以快速获取两者的语法。首先在 Google Chrome 的 Elements 标签页里，找到某个元素的位置，然后右击选择"Copy"，最后选择 "Copy Xpath"或"Copy selector"即可获取相应的语法。如图 8-11 所示。

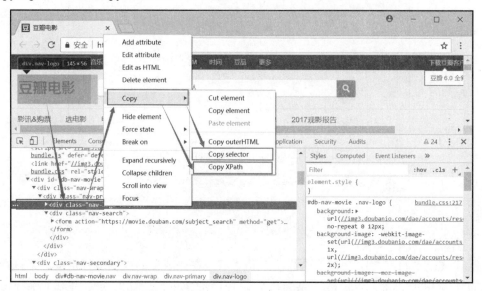

图 8-11　xpath 和 css_selector 语法获取

上述 8 种定位方式只能定位到第一个元素，如果有多个相同的元素，并且想全部获取，可以使用以下定位方式：

```
find_elements_by_id()
find_elements_by_name()
find_elements_by_class_name()
find_elements_by_tag_name()
find_elements_by_link_text()
find_elements_by_partial_link_text()
find_elements_by_xpath()
find_elements_by_css_selector()
```

这 8 种定位方式与上述的定位方式非常相似，两者的唯一不同就是 elements 和 element。前者定位全部符合条件的元素，后者只获取第一个符合条件的元素。

关于上述所提及到的 xpath 和 css_selector 的语法编写，有兴趣的读者可以自行查阅相关的资料进一步了解两者的语法编写规则。

8.5　Selenium 操控元素

操控网页元素须在网页元素定位后才能执行，Selenium 可以模拟任何操作，比如单击、右击、拖拉、滚动、复制粘贴或者文本输入等。操作方式分为三大类：常规操作、鼠标事件操作和键盘事件操作。

常规操作包含有文本清除、文本输入、单击元素、提交表单、获取元素值等。以 QQ 音乐注册为例（https://ssl.zc.qq.com/v3/index-chs.html?from=pt），具体的使用方式如下：

```python
from selenium import webdriver
url = 'https://ssl.zc.qq.com/v3/index-chs.html?from=pt'
driver = webdriver.Chrome()
driver.get(url)
# 输入名字和密码
driver.find_element_by_id('nickname').send_keys('pythonAuto')
driver.find_element_by_id('password').send_keys('pythonAuto123')
# 获取手机号码下方的 tips 内容
tipsValue = driver.find_element_by_xpath(
'//div[3]/div[2]/div[1]/form/div[7]/div').text
print(tipsValue)
# 勾选同时开通 QQ 空间
driver.find_element_by_class_name('checkbox').click()
# 单击"注册"按钮
driver.find_element_by_id('get_acc').submit()
```

上述例子对网页的昵称和密码的文本框执行文本输入、获取手机号码下方的 tips 内容、勾选"同时开通 QQ 空间"选项和单击"注册"按钮，4 种操作分别由 send_keys、text、click 和 submit 方法实现。其中 click 和 submit 在某些情况下可以相互使用，submit 只用于表单的提交按钮；click 是强调事件的独立性，可用于任何按钮。下面，我们列出了一些实际开发中常见的操作方式：

```python
# 清空 X 标签的内容
driver.find_element_by_id('X').clear()
# 获取元素在网页中的坐标位置，坐标格式：{'y': 19, 'x': 498}
location = driver.find_element_by_id('X').location
# 获取元素的某个属性值，如获取 X 标签的 id 属性值
attribute = driver.find_element_by_id('X').get_attribute('id')
```

```
# 判断 X 元素在网页上是否可见，返回值为 True 或 False
result = driver.find_element_by_id('X').is_displayed()
# 判断 X 元素是否被选，通常用于 checkbox 和 radio 标签，返回值为 True 或 False
result = driver.find_element_by_id('X').is_selected()
""" select 标签的选值 """
from selenium.webdriver.support.select import Select
# 根据下拉框的索引来选取
Select(driver.find_element_by_id('X')).select_by_index('2')
# 根据下拉框的 value 属性来选取
Select(driver.find_element_by_id('X')).select_by_index('Python')
# 根据下拉框的值来选取
Select(driver.find_element_by_id('X')).select_by_visible_text('Python')
```

以上是元素的常规操作方法，接着讲述鼠标事件的操作方法，鼠标事件操作由 Selenium 的 ActionChains 类来实现。ActionChains 类定义了多种鼠标操作方法，具体的操作方法说明如表 8-3 所示。

表 8-3　ActionChains 类的鼠标操作方法

操作方法	说　明	示　例
perform	执行鼠标事件	click(element).perform() click 是鼠标单击事件 perform 是执行这个单击事件
reset_actions	取消鼠标事件	click(element).reset_actions() click 是鼠标单击事件 reset_actions 是取消单击事件
click	鼠标单击	click(element) element 是某个元素对象
click_and_hold	长按鼠标左键	click_and_hold(element) element 是某个元素对象
context_click	长按鼠标右键	context_click(element) element 是某个元素对象
double_click	鼠标双击	double_click(element) element 是某个元素对象
drag_and_drop	对元素长按左键并移动到另一个元素的位置后释放鼠标左键	drag_and_drop(element, element1) element 是某个元素对象 element1 是目标元素对象

（续表）

操作方法	说　　明	示　　例
drag_and_drop_by_offset	对元素长按左键并移动到指定的坐标位置	drag_and_drop_by_offset(element, x, y) element 是某个元素对象 x 是偏移的 x 坐标 y 是偏移的 y 坐标
key_down	对元素长按键盘中的某个按键	key_down(Keys.CONTROL, element) Keys.CONTROL 是由 Keys 定义的键盘事件 element 是某个元素对象
key_up	对元素释放键盘中的某个按键	key_up(Keys.CONTROL, element) Keys.CONTROL 是由 Keys 定义的键盘事件 element 是某个元素对象
move_by_offset	对当前鼠标所在位置进行偏移	move_by_offset(x, y) x 是偏移的 x 坐标 y 是偏移的 y 坐标
move_to_element	将鼠标移动到某个元素所在的位置	move_to_element(element) element 是某个元素对象
move_to_element_with_offset	将鼠标移动到某个元素并偏移一定的位置	move_to_element_with_offset(element, x, y) element 是某个元素对象 x 是偏移的 x 坐标 y 是偏移的 y 坐标
pause	设置暂停执行时间	pause(1000)
release	释放鼠标长按操作	release(element) element 是某个元素对象。 如果 element 为空, 对当前鼠标的位置长按操作进行释放。
send_keys	执行文本输入	send_keys(value) value 是输入的内容
send_keys_to_element	对当前元素执行文本输入	send_keys_to_element(element, value) element 是某个元素对象 value 是输入的内容

上表讲述了各种鼠标事件操作，这些方法都是在 ActionChains 类所定义的类方法，若想使用这些操作方法，必须将 ActionChains 类实例化后才能调用。以 B 站的登录页面为例，通过鼠标操作方法去双击网页中的"登录"标题以及拖拉验证滑条，具体代码如下：

```
from selenium import webdriver
from selenium.webdriver.common.action_chains import ActionChains
import time
url = 'https://passport.bilibili.com/login'
driver = webdriver.Chrome()
driver.get(url)
# 双击登录
element = driver.find_element_by_class_name('tit')
ActionChains(driver).double_click(element).perform()
# 设置延时，否则会导致操作过快
time.sleep(3)
# 拖拉滑条
element = driver.find_element_by_class_name('gt_slider_knob,gt_show')
ActionChains(driver).drag_and_drop_by_offset(element, 100, 0).perform()
```

上述代码中，首先将 ActionChains 实例化，实例化的时候传入 driver 对象。driver 是 chromedriver 打开的浏览器对象，这是告诉 ActionChains 的操作浏览器对象是 driver。实例化之后就可以直接调用鼠标事件操作方法，这些方法需要传入 element 对象，element 是网页中某个标签元素。最后再调用 perform 方法，这是一个执行命令，因为鼠标操作可以拖拉、长按鼠标的左键或右键，这是一个持久性的操作，而调用 perform 方法可以让这个鼠标操作马上执行。

最后讲述键盘事件操作，它是模拟人为按下键盘的某个按键，主要通过 send_keys 方法来实现。在上述例子中，send_keys 用于文本内容的输入，而下面的示例是通过 send_keys 来触发键盘按钮来实现内容的输入。以百度搜索为例，利用键盘的快捷键实现搜索内容的变换，具体代码如下：

```
from selenium import webdriver
from selenium.webdriver.common.keys import Keys
import time

driver = webdriver.Chrome()
driver.get("http://www.baidu.com")

# 获取输入框标签对象
element = driver.find_element_by_id('kw')
# 输入框输入内容
element.send_keys("Python 你")
time.sleep(2)

# 删除最后的一个文字
```

```
element.send_keys(Keys.BACK_SPACE)
time.sleep(2)

# 添加输入空格键 + "教程"
element.send_keys(Keys.SPACE)
element.send_keys("教程")
time.sleep(2)

# ctrl+a 全选输入框内容
element.send_keys(Keys.CONTROL, 'a')
time.sleep(2)

# ctrl+x 剪切输入框内容
element.send_keys(Keys.CONTROL, 'x')
time.sleep(2)

# ctrl+v 粘贴内容到输入框
element.send_keys(Keys.CONTROL, 'v')
time.sleep(2)

# 通过回车键来代替单击操作
driver.find_element_by_id('su').send_keys(Keys.ENTER)
```

只要运行上述代码就能看到键盘事件操作的过程。此外，Keys 类还定义了键盘上各个快捷键，具体的定义方式可以查看 Keys 类的源码，源码地址在 Python 安装目录的 Lib\site-packages\selenium\webdriver\common\keys.py。

8.6　Selenium 常用功能

在前面的内容中，我们已经学习 Selenium 的基本使用方法，掌握了如何启动浏览器、查找并定位网页元素以及网页元素的操控。本节中，我们讲述 Selenium 的一些常用功能，如设置浏览器的参数、浏览器多窗口切换、设置等待时间、文件的上传与下载、Cookies 处理以及 frame 框架操作。

设置浏览器的参数是在定义 driver 的时候设置 chrome_options 参数，该参数是一个 Options 类所实例化的对象。其中常用的参数是设置浏览器是否可视化和浏览器的请求头等信息，前者可以加快代码的运行速度，后者可以有效地防止网站的反爬虫检测。具体的代码如下：

```
from selenium import webdriver
# 导入 Options 类
from selenium.webdriver.chrome.options import Options
url = 'https://movie.douban.com/'
# Options 类实例化
chrome_options = Options()
# 设置浏览器参数
# --headless 是不显示浏览器启动及执行过程
chrome_options.add_argument('--headless')
# 设置 lang 和 User-Agent 信息，防止反爬虫检测
chrome_options.add_argument('lang=zh_CN.UTF-8')
UserAgent = 'Mozilla/5.0 (Windows NT 10.0; Win64; x64) AppleWebKit/537.36
            (KHTML, like Gecko) Chrome/68.0.3440.84 Safari/537.36'
chrome_options.add_argument('User-Agent=' + UserAgent)
# 启动浏览器并设置 chrome_options 参数
driver = webdriver.Chrome(chrome_options=chrome_options)
# 浏览器窗口最大化
# driver.maximize_window()
# 浏览器窗口最小化
# driver.minimize_window()
driver.get(url)
# 获取网页的标题内容
print(driver.title)
# page_source 是获取网页的 HTML 代码
print(driver.page_source)
```

浏览器多窗口切换是在同一个浏览器中切换不同的网页窗口。打开浏览器可以看到，浏览器顶部可以不断添加新的窗口，而 Selenium 可以通过窗口切换来获取不同的网页信息。具体代码如下：

```
from selenium import webdriver
import time
url = 'https://www.baidu.com/'
driver = webdriver.Chrome()
driver.get(url)
# 使用 JavaScript 开启新的窗口
js = 'window.open("https://www.sogou.com");'
driver.execute_script(js)
# 获取当前显示的窗口信息
current_window = driver.current_window_handle
```

```
# 获取浏览器的全部窗口信息
handles = driver.window_handles
# 设置延时可以看到切换效果
time.sleep(3)
# 根据窗口信息进行窗口切换
# 切换百度搜索的窗口
driver.switch_to_window(handles[0])
time.sleep(3)
# 切换搜狗搜索的窗口
driver.switch_to_window(handles[1])
```

上述代码中，使用了 execute_script 方法，这是通过浏览器运行 JavaScript 代码生成新的窗口，然后获取浏览器上的全部窗口信息，window_handles 方法是获取当前浏览器的窗口信息，并以列表的形式表示，最后由 switch_to_window 方法进行窗口之间的切换。千万不要小看 execute_script 方法，很多浏览器的插件都是由 JavaScript 来实现的，可想而知它的作用是多么的强大。

Selenium 的执行速度相当快，在 Selenium 执行的过程中往往需要等待网页的响应才能执行下一个步骤，否则程序会抛出异常信息。网页响应的快慢取决于多方面的因素，因此在某些操作之间需要设置一个等待时间，让 Selenium 与网页响应尽量达到同步执行，这样才能保证程序的稳健性。在前面的例子中，延时是使用 Python 内置的 time 模块来实现的，而 Selenium 本身也提供了延时的功能，具体的使用方法如下：

```
from selenium import webdriver
url = 'https://www.baidu.com/'
driver = webdriver.Chrome()
driver.get(url)
# 隐性等待，最长等待时间为 30 秒
driver.implicitly_wait(30)
driver.find_element_by_id('kw').send_keys('Python')
# 显性等待
from selenium.webdriver.support.wait import WebDriverWait
from selenium.webdriver.common.by import By
from selenium.webdriver.support import expected_conditions
# visibility_of_element_located 检查网页元素是否可见
# (By.ID, 'kw'): kw 是搜索框的 id 属性值, By.ID 是使用 find_element_by_id 定位
condition = expected_conditions.visibility_of_element_located((By.ID,
'kw'))
    WebDriverWait(driver=driver, timeout=20,
poll_frequency=0.5).until(condition)
```

　　隐性等待是指在一个设定的时间内检测网页是否加载完成，也就是一般情况下你看到浏览器标签栏那个小圈不再转，才会执行下一步。比如代码中设置 30 秒等待时间，网页只要在 30 秒内完成加载就会自动执行下一步，如果超出 30 秒就会抛出异常。值得注意的是，隐性等待对整个 driver 的周期都起作用，所以只要设置一次即可。

　　显性等待能够根据判断条件而进行灵活地等待，程序每隔一段时间检测一次，如果检测结果与条件成立了，则执行下一步，否则继续等待，直到超过设置的最长时间为止，然后抛出 TimeoutException 异常。显性等待的使用涉及到多个模块，包括 By、expected_conditions 和 WebDriverWait，各个模块说明如下。

- By：设置元素定位方式，定位方式共8种：ID、XPATH、LINK_TEXT、PARTIAL_LINK_TEXT、NAME、TAG_NAME、CLASS_NAME、CSS_SELECTOR。
- expected_conditions：验证网页元素是否存在，提供了多种验证方式。具体可以查看源码：Lib\site-packages\selenium\webdriver\support\expected_conditions.py

WebDriverWait 的参数说明如下。

- driver：浏览器对象driver。
- timeout：超时时间，等待的最长时间。
- poll_frequency：检测时间的间隔。
- ignored_exceptions：忽略的异常，如果在调用until或until_not的过程中抛出的异常在这个参数里，则不中断代码，继续等待，如果抛出的异常在这个参数之外，则中断代码并抛出异常。默认值为NoSuchElementException。
- until：条件判断，参数必须为expected_conditions对象。如果网页里某个元素与条件符合，则中断等待并执行下一个步骤。
- until_not：与until的逻辑相反。

　　隐性等待和显性等待相比于time.sleep这种强制等待更为灵活和智能，可解决各种网络延误的问题，隐性等待和显性等待可以同时使用，但最长的等待时间取决于两者之间的最大数，如上述代码的隐性等待时间为30，显性等待时间为20，则该代码的最长等待时间为隐性等待 时间。

　　上传文件在网页中是用上传按钮来显示，通过单击按钮就会打开本地电脑的一个文件对话框，在文件对话框选择文件并确认即可上传文件路径。而 Selenium 实现过程相对简单，只需定位到网页的上传按钮并使用 send_keys 方法来写入文件路径即可实现，如下所示：

```
# HTML 的元素信息
<div class="row-fluid">
<div class="span6 well">
<h3>upload_file</h3>
<input type="file" name="file" />
</div>
</div>
# Selenium 定位
driver.find_element_by_name("file").send_keys("D:\file.txt")
```

在网页中，文件上传有多种实现方式，但无论怎样哪一种方式，只要分析好上传的机制，都可以使用 Selenium 实现。而文件下载的原理与文件上传是一样的，具体代码如下所示：

```
from selenium import webdriver
# 设置文件保存的路径，如不设置，默认系统的 Downloads 文件夹
options = webdriver.ChromeOptions()
prefs = {'download.default_directory': 'd:\\'}
options.add_experimental_option('prefs', prefs)
# 启动浏览器
driver = webdriver.Chrome()
# 下载微信 PC 版安装包
driver.get('https://pc.weixin.qq.com/')
# 浏览器窗口最大化
driver.maximize_window()
# 单击下载按钮
driver.find_element_by_class_name('button').click()
```

下面讲述浏览器的 Cookies 使用，Cookies 操作无非就是读取、添加和删除 Cookies。Cookies 信息可以在浏览器开发者工具的 Network 标签页查看，查看步骤如图 8-12 所示。

从图 8-12 中可以看到，一个网页的 Cookies 可以有多条 Cookie 数据组成，每条数据都有 9 个属性。而我们需要检测 Selenium 获取 Cookies 信息与图上的数据格式是否一致，具体代码如下：

```
from selenium import webdriver
import time
# 启动浏览器
driver = webdriver.Chrome()
driver.get('https://www.youdao.com')
time.sleep(5)
```

```
# 添加 Cookies
driver.add_cookie({'name': 'Login_User', 'value': 'PassWord'})
# 获取全部 Cookies
all_cookies = driver.get_cookies()
print('全部的 Cookies 为：', all_cookies)
# 获取 name 为 Login_User 的 Cookie 内容
one_cookie = driver.get_cookie('Login_User')
print('单个的 Cookie 为：', one_cookie)
# 删除 name 为 Login_User 的 Cookie
driver.delete_cookie('Login_User')
surplus_cookies = driver.get_cookies()
print('剩余的 Cookie 为：', surplus_cookies)
# 删除全部 Cookies
driver.delete_all_cookies()
surplus_cookies = driver.get_cookies()
print('剩余的 Cookie 为：', surplus_cookies)
```

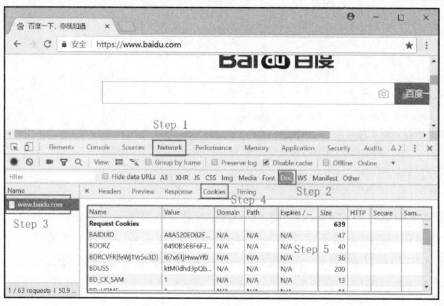

图 8-12　查看 Cookies 信息

运行上述代码可以发现，代码输出的 Cookies 信息以列表的形式展示，列表的每个元素是一个字典，并且字典键值都能与图上的 Cookies 信息一一对应。

frame 是一个框架页面，在 HTML5 已经不支持使用这个框架，但在一些网站中依然会看到它的身影。frame 的作用是在 HTML 代码里面嵌套一个或多个不同的 HTML 代码，每嵌套一个 HTML 都需要由 frame 来实现。以百度知道的问题（https://zhidao.baidu.com/list?cid=110106）为例，打开某条题目，题目的回答数最好是 0 回答，如图 8-13 所示。

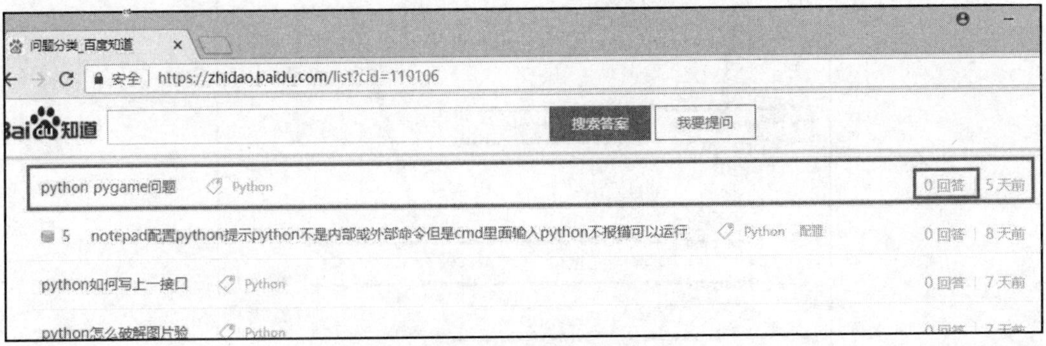

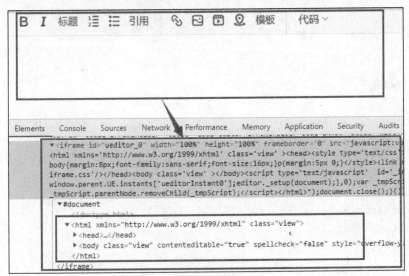

图 8-13　百度知道问题列表

单击图 8-13 上的问题链接进入问题的详细信息页，并且打开开发者工具的 Elements 标签页，快速定位到文本输入框，在 Elements 标签页可以看到这个文本框是由 iframe 框架页面生成的。iframe 和 frame 实现的功能是相同的，只不过使用方式和灵活性有所不同，不管是 iframe 或 frame，Selenium 的定位和操作方式都是一样的。iframe 框架信息如图 8-14 所示。

图 8-14　百度知道问题详情页

由于一个 HTML 可以嵌套了一个或多个的 iframe，那么 Selenium 在操作不同的 iframe 需要通过 switch_to.frame() 来切换到指定的 iframe，再执行相应的操作。比如一个网页中有多个 iframe，各个 iframe 的信息如图 8-15 所示。

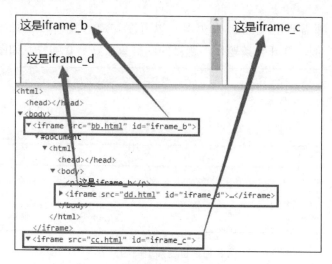

图 8-15　iframe 信息

图 8-15 上一共有 3 个 iframe，在当前网页里嵌套了 2 个 iframe，其中第一个 iframe 里面又嵌套了一个 iframe，那么 Selenium 对各个 iframe 定位方法如下：

```python
from selenium import webdriver
url = 'XXXXX'
driver = webdriver.Chrome()
driver.get(url)

""" 定位到第一个 iframe """
# 通过索引定位
driver.switch_to.frame(0)
# 通过 iframe 的 id 或 name 属性定位
driver.switch_to.frame('iframe_a')
# 先定位 iframe 再切换到 iframe_a
element = driver.find_element_by_id("iframe_a")
driver.switch_to.frame(element)
# 从 iframe_a 跳回 HTML
driver.switch_to.default_content()

""" 定位到第二个 iframe """
# 通过索引定位
driver.switch_to.frame(1)
# 通过 iframe 的 id 或 name 属性定位
driver.switch_to.frame('iframe_b')
# 先定位 iframe 再切换到 iframe_b
```

```
element = driver.find_element_by_id("iframe_b")
driver.switch_to.frame(element)
# 从 iframe_b 跳回 HTML
driver.switch_to.default_content()


""" 定位到第三个 iframe """
# 定位到 iframe_a
driver.switch_to.frame('iframe_a')
# 再从 iframe_a 切换 iframe_d
driver.switch_to.frame('iframe_d')
# 从 iframe_d 跳回到 iframe_a
driver.switch_to.parent_frame()
# 从 iframe_d 跳回 HTML
driver.switch_to.default_content()
```

从上述代码可以看到，不管是 HTML 切换 iframe，还是 iframe 之间的切换，实现过程都是由 switch_to 方法来完成。以百度知道答题为例，进一步了解 Selenium 对 iframe 的操作方式：

```
from selenium import webdriver
url = 'https://zhidao.baidu.com/question/1952259230876274508.html'
driver = webdriver.Chrome()
driver.get(url)
# 切换到 frame 内部的 HTML
driver.switch_to.frame(0)
# 定位 frame 内部的元素
driver.find_element_by_xpath('/html/body').send_keys('Python')
# 跳回到网页的 HTML
driver.switch_to.default_content()
# 单击提交回答按钮
driver.find_element_by_xpath('//*[@id="answer-editor"]/div[2]/a').click()
```

8.7　实战："百度自动答题"程序

本节通过使用 Selenium 来实现百度知道自动答题，在讲述之前，首先注册一个百度账号，在浏览器上打开 https://passport.baidu.com/v2/，使用手机号码即可完成注册，具体的注册过程不再详细讲述。

完成用户注册后，在浏览器上访问 https://zhidao.baidu.com/list?cid=110，该网页是显示某个分类的问题列表，每条问题代表一条链接，单击链接可以进入问题详细页，问题列表页面和问题详情页分别如图 8-13 和图 8-14 所示。

在问题详情页里面，我们需要根据题目搜索相关的答案，然后将答案写到问题详情页的回答文本框里，最后单击提交回答按钮即可实现答题。这个看似简单的功能却涉及到三个网页的操控。首先获取问题详情页的题目，然后根据题目搜索答案，在答案列表页中逐一访问每个答案的链接，在答案详情页中获取合理的答案，最后将答案写回到问题详情页中。整个过程如图 8-16 所示。

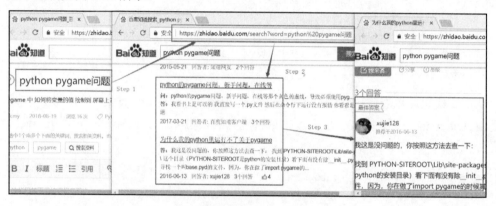

图 8-16　根据题目搜索答案

根据上述的简单分析，整个实战项目可以分为 5 个步骤来实现，每个步骤具体说明如下：

（1）在 https://zhidao.baidu.com/list?cid=110 上获取问题列表，得到全部问题的地址链接，然后遍历访问这些链接，依次进入问题的详情页。

（2）在问题详情页获取问题题目，题目是用于搜索相关的答案。

（3）搜索答案的地址链接都是固定的，如图上所示，只要替换地址中 word 后面的内容即可搜索相关的答案。

（4）得到搜索结果后，获取答案列表的地址并遍历访问即可进入答案详情页，如果答案详情页里面有最佳答案就会获取答案内容，并且终止答案列表的遍历。

（5）将得到的答案写回到问题详情页的回答文本框并单击提交回答按钮即可完成答题。

整个项目在实现过程中是在用户已登录的情况下执行，如果使用百度的账号密码执行用户登录，就会遇到手机验证码或图片验证码。用户登录后，网站会一直保持用户的登录状态，不管用户是否重启浏览器，只要访问百度网址，用户登录信息都会显示出来。利用用户登录的状态，Selenium 可以模拟用户登录并将用户登录后的 Cookies 保存下来，在下次登录的时候，直接读取并操控 Cookies 即可完成用户登录。功能代码如下所示：

```python
from selenium import webdriver
import json, time
# 百度用户登录并保存登录 Cookies
driver = webdriver.Chrome()
driver.get("https://www.baidu.com/")
driver.find_element_by_xpath('//*[@id="u1"]/a[7]').click()
time.sleep(3)
driver.find_element_by_id('TANGRAM__PSP_10__footerULoginBtn').click()
time.sleep(3)
# 设置用户的账号和密码
driver.find_element_by_xpath('//*[@id="TANGRAM__PSP_10__userName"]').sen
d_keys('XX')
driver.find_element_by_xpath('//*[@id="TANGRAM__PSP_10__password"]').sen
d_keys('XX')
try:
    verifyCode = driver.find_element_by_name('verifyCode')
    code_number = input('请输入图片验证码: ')
    verifyCode.send_keys(str(code_number))
except: pass
driver.find_element_by_xpath('//*[@id="TANGRAM__PSP_10__submit"]'). click()
time.sleep(3)
try:
    driver.find_element_by_xpath
('//*[@id="TANGRAM__36__button_send_mobile"]').click()
    code_photo = input('请输入短信验证码: ')
    driver.find_element_by_xpath('//*[@id="TANGRAM__36__input_vcode"]').
    send_keys(str(code_photo))
    driver.find_element_by_xpath('//*[@id="TANGRAM__36__button_submit"]').
click()
    time.sleep(3)
except: pass
cookies = driver.get_cookies()
f1 = open('cookie.txt', 'w')
f1.write(json.dumps(cookies))
f1.close()
```

上述代码使用了两次异常捕捉，用于检测图片验证码和短信验证码是否存在，两种验证方式是否出现取决于百度账号的安全性设置以及网络环境等因素。每个操作之间都设置了强制性延时，这是为了让程序与网页之间能够同步协调。最后完成整个登录操作后，将网页的 Cookies 信息保存到 txt 文件。

得到用户的登录信息，接下来实现自动答题。整个答题过程一共涉及 4 个网页：百度知道问题列表页、百度知道问题详情页、答案搜索页和答案详情页。

在问题列表页中，每条问题的 HTML 代码是由标签<a>生成，并且属性 class 的属性值为 title-link，如图 8-17 所示。因此 Selenium 可以对属性 class 进行定位，获取全部问题所在的标签<a>，遍历这些标签提取相应的链接地址。

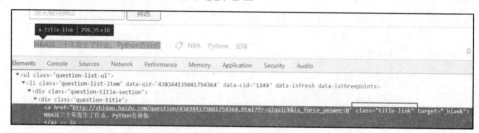

图 8-17　问题列表页

在新的窗口访问每条问题链接，这些链接会进入相应的问题详情页。在问题详情页中，首先判断问题是否已被抢答，如果尚未被回答，程序根据题目去百度知道搜索相关的答案，在这些相关答案中找到最佳答案并且写入问题答案输入框里并单击"提交回答"按钮；如果问题已被回答，程序就关闭当前窗口，回到问题列表执行下一道问题。问题详情页的答案输入框和"提交回答"按钮的 HTML 代码如图 8-18 所示。

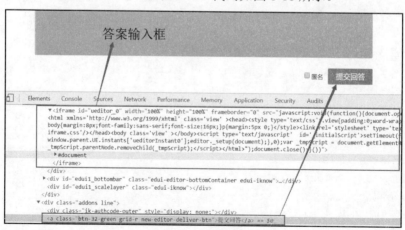

图 8-18　问题详情页

回答问题的过程中涉及到两个新的网页：答案搜索页和答案详情页。答案搜索页是根据问题在新的窗口中搜索相关答案，每个答案的链接是以标签<dt>表示，该标签下含有标签<a>。将 Selenium 定位到每个答案的标签<a>，再获取 href 属性值，该属性值是用于进入答案详情页，如图 8-19 所示。

图 8-19　答案搜索页

将答案详情页的链接在新的窗口里访问，每个答案详情页都不一定有最佳答案，根据分析可知，最佳答案的 class 属性值为 best-text mb-10，如果 Selenium 能对属性 class 进行定位，则说明当前答案详情页有最佳答案，反之则无，如图 8-20 所示。

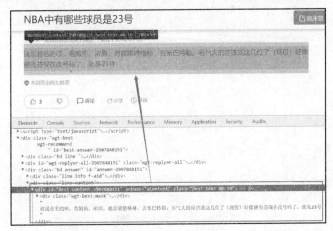

图 8-20　答案详情页

根据上述的元素定位以及答题的业务逻辑，整个答题程序需要注意每个页面窗口之间的切换，如果窗口的切换逻辑不严谨，很容易导致程序出错。此外还需要考虑一些异常的情况出现，比如问题搜不到任何答案、问题已被回答以及网络延时响应等一些特殊情况。综合分析，自动答题的功能代码如下所示：

```
from selenium import webdriver
```

```
import json, time
url = 'https://zhidao.baidu.com/list?cid=110'
driver = webdriver.Chrome()
driver.get(url)
# 使用 Cookies 登录
driver.delete_all_cookies()
f1 = open('cookie.txt')
cookie =json.loads(f1.read())
f1.close()
for c in cookie:
    driver.add_cookie(c)
driver.refresh()


# 获取问题列表
title_link = driver.find_elements_by_class_name('title-link')
for i in title_link:
    # 打开问题详细页并切换窗口
    driver.switch_to.window(driver.window_handles[0])
    href = i.get_attribute('href')
    driver.execute_script('window.open("%s");' % (href))
    time.sleep(5)
    driver.switch_to.window(driver.window_handles[1])
    try:
        # 查找 iframe，判断问题是否已被回答
        driver.find_element_by_id('ueditor_0')
        # 获取问题题目并搜索答案
        title = driver.find_element_by_class_name('ask-title ').text
        title_url = 'https://zhidao.baidu.com/search?&word=' + title
        js = 'window.open("%s");' % (title_url)
        driver.execute_script(js)
        time.sleep(5)
        driver.switch_to.window(driver.window_handles[2])
        # 获取答案列表
        answer_list = driver.find_elements_by_class_name('dt,mb-4,line')
        for k in answer_list:
            # 打开答案详细页
            href = k.find_element_by_tag_name('a').get_attribute('href')
            driver.execute_script('window.open("%s");' % (href))
            time.sleep(5)
            driver.switch_to.window(driver.window_handles[3])
```

```
        # 获取最佳答案
        try:
            text = driver.find_element_by_class_name ('best-text,
mb-10').text
        except:
            text = ''
        finally:
            # 关闭答案详情页的窗口
            driver.close()
        # 答案不为空
        if text:
            # 关闭答案列表页的窗口
            driver.switch_to.window(driver.window_handles[2])
            driver.close()
            # 将答案写在问题回答文本框上并单击提交答案按钮
            driver.switch_to.window(driver.window_handles[1])
            driver.switch_to.frame('ueditor_0')
            driver.find_element_by_xpath('/html/body').click()
            driver.find_element_by_xpath('/html/body').send_keys(text)
            # 跳回到网页的 HTML
            driver.switch_to.default_content()
            # 单击提交回答按钮
            driver.find_element_by_xpath('//*[@id="answer-editor"]
/div[2]/a').click()
            time.sleep(5)
            # 关闭问题详细页的窗口
            driver.switch_to.window(driver.window_handles[1])
            driver.close()
            break
    except Exception as err:
        # 除了问题列表页，关闭其他窗口
        all_handles = driver.window_handles
        for i, v in enumerate(all_handles):
            if i != 0:
                driver.switch_to.window(v)
                driver.close()
        driver.switch_to.window(driver.window_handles[0])
        print(err)
```

上述代码多次使用了 try…except 异常机制，这是处理一些特殊情况，在某程度上保证了程序的稳健性。程序中涉及到 4 个网页都是使用 JavaScript 打开新的窗口，使用 JavaScript 也是为了提高程序的稳健性，因为 Selenium 的 click()方法没有 JavaScript 稳定，读者不妨将 JavaScript 的代码改用 click()方法实现，测试程序的稳定性。

8.8　本章小结

Selenium 是一个用于网站应用程序自动化的工具。它可以直接运行在浏览器中，就像真正的用户在操作一样。它支持的浏览器包括 IE、Mozilla Firefox、Safari、Google Chrome 和 Opera 等，同时支持多种编程语言，如.Net、Java、Python 和 Ruby 等。

搭建 Selenium 开发环境需要安装 Selenium 库并且配置 Google Chrome 的 WebDriver。安装 Selenium 库可以使用 pip 指令完成；配置 Google Chrome 的 WebDriver 首先通过浏览器版本确认 WebDriver 的版本，然后下载相应的 WebDriver 并存放在 Python 的安装目录。

Selenium 定位网页元素主要通过元素的属性值或者元素在 HTML 里的路径位置，定位方式一共有 8 种，如下所示：

```
# 通过属性 id 和 name 来实现定位
find_element_by_id()
find_element_by_name()

# 通过 HTML 标签类型和属性 class 实现定位
find_element_by_class_name()
find_element_by_tag_name()

# 通过标签值实现定位，partial_link 用于模糊匹配。
find_element_by_link_text()
find_element_by_partial_link_text()

# 元素的路径定位选择器
find_element_by_xpath()
find_element_by_css_selector()
```

Selenium 可以模拟任何操作，比如单击、右击、拖拉、滚动、复制粘贴或者文本输入等等。操作方式分为三大类：常规操作、鼠标事件操作和键盘事件操作。

Selenium 还有一些常用功能，如设置浏览器的参数、浏览器多窗口切换、设置等待时间、文件的上传与下载、Cookies 处理以及 frame 框架操作。

第9章

接口自动化开发

本章讲述如何使用 Requests 实现网页接口自动化开发，利用 Chrome 分析网站接口的请求信息，根据请求信息使用 Requests 实现 HTTP 请求，从而实现网页接口自动化开发。本章重点介绍了 Requests 模块的使用，如 Requests 的安装、发送 HTTP 请求和文件上存等。

9.1 分析网站接口

接口自动化是通过查找网站接口，然后以代码的形式来模拟浏览器来发送请求，从而与网站服务器之间实现数据交互。在第 8 章中，浏览器查找元素是在开发者工具的 Element 标签页完成的，而网站的接口查找与分析是在开发者工具的 Network 标签页。

在 Network 标签页可以看到页面向服务器请求的信息、请求的大小以及加载请求花费的时间。从发起网页请求后，分析每个 HTTP 请求都可以得到具体的请求信息(包括状态、类型、大小、所用时间、Request 和 Response 等)。Network 结构组成如图 9-1 所示。

图上的 Network 包括了 5 个区域，每个区域的说明如下。

- Controls：控制Network的外观和功能。
- Filters：将Requests Table的资源内容分类显示。各个分类说明如下：

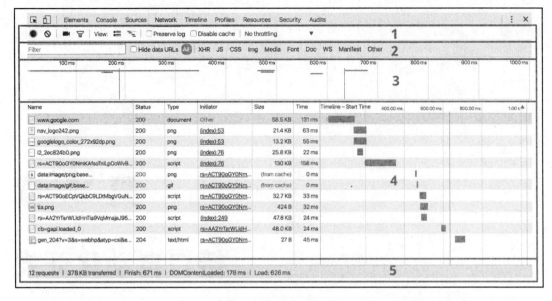

图 9-1 Network 结构图

- ◆ All：返回当前页面全部加载的信息，就是一个网页全部所需要的代码、图片等请求。
- ◆ XHR：筛选 Ajax 的请求链接信息，前面讲过 Ajax 核心对象 XMLHTTPRequest，XHR 取于 XMLHTTPRequest 的缩写。
- ◆ JS：主要筛选 JavaScript 文件。
- ◆ CSS：主要是 CSS 样式内容。
- ◆ Img：网页加载的图片，爬取图片的 URL 都可以在这里找到。
- ◆ Media：网页加载的媒体文件，如 MP3、RMVB 等音频视频文件资源。
- ◆ Doc：HTML 文件，主要用于响应当前 URL 的网页内容。

- Overview：显示获取到请求的时间轴信息，主要是对每个请求信息在服务器的响应时间进行记录。这个主要是为网站开发优化方面提供数据参考，这里不做详细介绍。
- Requests Table：按前后顺序显示网站的请求资源，单击请求信息可以查看该详细内容。
- Summary：显示总的请求数、数据传输量、加载时间信息。

在 5 个区域中，Requests Table 是核心部分，主要作用是记录每个请求信息。但每次网站出现刷新时，请求列表都会清空并记录最新的请求信息，如用户登录后发生 304 跳转，就会清空跳转之前的请求信息并捕捉跳转后的请求信息。

对于每条请求信息，可以单击查看该请求的详细内容，每条请求信息划分为以下 5 个标签。如图 9-2 所示。

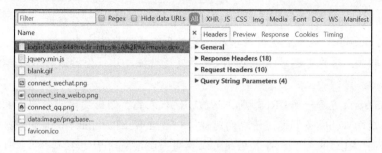

图 9-2 请求信息的详细内容

从图上可以看到，一个请求信息包含了 Headers、Preview、Response、Cookies 和 Timing 标签。分析接口主要看 Headers、Preview 和 Response 标签即可，其说明如下。

- Headers：该请求的 HTTP 头信息。
- Preview：根据所选择的请求类型（JSON、图片、文本）显示相应的预览。
- Response：显示 HTTP 的 Response 信息。

Headers 标签划分为以下 4 部分。

- General：记录请求链接、请求方式和请求状态码。
- Response Headers：服务器端的响应头。其参数说明如下：

  - Cache-Control：指定缓存机制，优先级大于 Last-Modified。
  - Connection：包含很多标签列表，其中最常见的是 Keep-Alive 和 Close，分别用于向服务器请求保持 TCP 连接和断开 TCP 连接。
  - Content-Encoding：服务器通过这个头告诉浏览器数据的压缩格式。
  - Content-Length：服务器通过这个头告诉浏览器回送数据的长度。
  - Content-Type：服务器通过这个头告诉浏览器回送数据的类型。
  - Date：当前时间值。
  - Keep-Alive：在 Connection 为 Keep-Alive 时，该字段才有用，用来说明服务器估计保留连接的时间和允许后续几个请求复用这个保持着的连接。
  - Server：服务器通过这个头告诉浏览器服务器的类型。
  - Vary：明确告知缓存服务器按照 Accept-Encoding 字段的内容分别缓存不同的版本。

- Request Headers：用户的请求头。其参数说明如下。

  - Accept：告诉服务器客户端支持的数据类型。
  - Accept-Encoding：告诉服务器客户端支持的数据压缩格式。
  - Accept-Charset：可接受的内容编码 UTF-8。

- ◆ Cache-Control: 缓存控制，服务器控制浏览器要不要缓存数据。
- ◆ Connection: 处理完这次请求后，是断开连接还是保持连接。
- ◆ Cookie: 客户可通过Cookie向服务器发送数据，让服务器识别不同的客户端。
- ◆ Host: 访问的主机名。
- ◆ Referer: 包含一个URL，用户从该URL代表的页面出发访问当前请求的页面，当浏览器向Web服务器发送请求的时候，一般会带上Referer，告诉服务器请求是从哪个页面URL过来的，服务器借此可以获得一些信息用于处理。
- ◆ User-Agent: 中文名为用户代理，简称 UA，是一个特殊字符串头，使得服务器能够识别客户使用的操作系统及版本、CPU 类型、浏览器及版本、浏览器渲染引擎、浏览器语言、浏览器插件等。

- Query String Parameters: 请求参数。将参数按照一定的形式（GET和POST）传递给服务器，服务器接收其参数进行相应的响应，这是客户端和服务端进行数据交互的主要方式之一。

Preview 和 Response 标签的内容是一致的，只不过两者的显示方式有所不同。如果返回的结果是图片，那么 Preview 可显示图片内容，Response 则无法显示。如果返回的是 HTML 或 JSON，那么两者皆能显示，但在格式上可能会存在细微的差异。

9.2 Requests 概述及安装

Requests 是 Python 的一个很实用的 HTTP 客户端库，常用于网络爬虫和接口自动化测试。它语法简单易懂，完全符合 Python 优雅、简洁的特性；在兼容性上，完全兼容 Python 2 和 Python 3，具有较强的适用性。

Requests 可通过 pip 安装，具体如下。

- Windows系统: pip install requests。
- Linux系统: sudo pip install requests。

除了使用 pip 安装之外，还可以下载 whl 文件安装，方法如下：

（1）访问 www.lfd.uci.edu/~gohlke/pythonlibs，按 Ctrl+F 组合键搜索关键字"requests"，如图 9-3 所示。

```
requests-2.18.4-py2.py3-none-any.whl
requests_file-1.4.2-py2.py3-none-any.whl
requests_ftp-0.3.1-py2.py3-none-any.whl
requests_oauthlib-0.8.0-py2.py3-none-any.whl
requests_toolbelt-0.8.0-py2.py3-none-any.whl
```

图 9-3　requests 安装包

（2）单击下载 requests2.18.4-py2.py3-none-any.whl，把下载文件直接解压，将解压出来的文件直接放入 Python 的安装目录 Lib\site-packages 中即可。

（3）除了解压 whl，还可以使用 pip 安装 whl 文件。例如把下载的文件保存在 E 盘，打开 CMD（终端），将路径切换到 E 盘，输入安装命令：

E:\>pip install requests2.18.4-py2.py3-none-any.whl

完成 Requests 安装后，在终端（CMD）下运行 Python，查看 Requests 的版本信息，检测是否安装成功。方法如下：

```
E:\>python
>>> import requests
>>> requests.__version__
'2.18.4'
```

9.3　简单的请求方式

在使用 Requests 向服务器发送请求之前，我们需要弄清楚几个概念：请求是什么？请求参数又是什么？响应信息是什么？针对这三个问题，具体解释如下：

（1）Requests 的请求可以理解为我们平时在浏览器上输入地址按回车，或者在网页上单击某个按钮、某个链接等。只要通过一些操作使网页内容发生变化，这些操作称之为请求。

（2）请求参数是我们向服务器发送请求的部分内容，一个请求包含了很多信息，如请求头、Cookies 和请求参数等。服务器会根据请求参数来选择不同的响应内容。

（3）响应内容是我们发送请求后，服务器根据请求而返回给我们的数据。这些数据通常是 HTML 代码或 JSON 数据，然后将数据通过浏览器渲染生成网页。

了解了网站的一些原理后，接着使用 Requests 发送请求。常用的请求主要有 GET 和 POST，因此，Requests 也分为两种不同的方法来实现。GET 请求有两种形式，分别是不带参数和带参数，以百度为例

```
# 不带参数
https://www.baidu.com/
# 带参数 wd
https://www.baidu.com/s?wd=python
```

判断 URL 是否带有参数，可以对符号"？"判断。一般网址末端（域名）带有"？"，就说明该 URL 是带有请求参数的，反之则不带有参数。GET 参数说明如下：

（1）wd 是参数名，参数名由网站（服务器）规定。

（2）Python 是参数值，可由用户自行设置。

（3）如果一个 URL 有多个参数，参数之间用"&"连接。

Requests 实现 GET 请求，对于带参数的 URL 有两种请求方式：

```python
import requests
# 第一种方式
r = requests.get('https://www.baidu.com/s?wd=python')
# 第二种方式
url = 'https://www.baidu.com/s'
params = {'wd': 'python'}
# 左边 params 在 GET 请求中表示设置参数
r = requests.get(url, params=params)
# 输出生成的 URL
print(r.url)
```

两种方式都是请求同一个 URL，在开发中建议使用第一种方式，因为代码简洁，而且参数可以灵活地变换，例如'https://www.baidu.com/s?wd=%s' %('python')。

POST 请求是我们常说的提交表单，表单的数据内容就是 POST 的请求参数。Requests 实现 POST 请求需设置请求参数 data，数据格式可以为字典、元组、列表和 JSON 格式，不同的数据格式有不同的优势。代码如下：

```python
# 字典类型
data = {'key1': 'value1', 'key2': 'value2'}
# 元组或列表
(('key1', 'value1'), ('key1', 'value2'))
# JSON
import json
data = {'key1': 'value1', 'key2': 'value2'}
# 将字典转换 JSON
data=json.dumps(data)
# 发送 POST 请求
r = requests.post("https://www.baidu.com/", data=data)
print(r.text)
```

可以看出，左边的 data 是 POST 方法的参数，右边的 data 是发送请求到网站（服务器）的数据。值得注意的是，Requests 的 GET 和 POST 方法的请求参数分别是 params 和 data，别混淆两者的使用要求。

当向网站（服务器）发送请求时，网站会返回相应的响应（response）对象，包含服务器响应的信息。Requests 提供以下方法获取响应内容。

- r.status_code：响应状态码。
- r.raw：原始响应体，使用 r.raw.read() 读取。
- r.content：字节方式的响应体，需要进行解码。
- r.text：字符串方式的响应体，会自动根据响应头部的字符编码进行解码。
- r.headers：以字典对象存储服务器响应头，但是这个字典比较特殊，字典键不区分大小写，若键不存在，则返回None。
- r.json()：Requests中内置的JSON解码器。
- r.raise_for_status()：请求失败（非200响应），抛出异常。
- r.url：获取请求链接。
- r.cookies：获取请求后的cookies。
- r.encoding：获取编码格式。

9.4　复杂的请求方式

复杂的请求方式通常带有请求头、代理 IP、证书验证和 Cookies 等功能。Requests 将这一系列复杂的请求做了简化，将这些功能在发送请求中以参数的形式传递并作用到请求中。

1. 添加请求头

请求头以字典的形式表示，然后在发送请求中设置 headers 参数。请求中设置请求头相当于把程序伪装成浏览器来向网站发送请求，主要设置 User-Agent 和 Referer 的内容，因为很多网站反爬虫都是根据这两个内容来判断当前请求是否合法。代码如下：

```
headers = {
    'content-type': 'application/json',
    'User-Agent': 'Mozilla/5.0 (Windows NT 6.3; WOW64;
                rv:41.0) Gecko/20100101 Firefox/41.0'}
requests.get("https://www.baidu.com/", headers=headers)
```

2. 使用代理IP

使用方法与请求头的使用方法一致，只需设置 proxies 参数即可。proxies 以字典的形式表示，字典的 key 主要有 http 和 https，这是两种不同的 HTTP 协议，字典的 value 是一个可访问的 IP 地址，免费的代理 IP 可以网上搜索，不过很多都是无法使用。代理 IP 的实现代码如下：

```python
import requests
proxies = {
  "http": "http://10.10.1.10:3128",
  "https": "http://10.10.1.10:1080",
}
requests.get("https://www.baidu.com/", proxies=proxies)
```

3. 证书验证

网站中出现证书不合法的时候，只需设置 verify=False，等于关闭证书验证，比如访问12306 的时候，若没有安装证书就会提示安全证书错误。参数 verify 的默认值为 True。如果需要设置证书文件，那么可将参数 verify 值设为证书所在的路径。具体代码如下：

```python
import requests
url = 'https://kyfw.12306.cn/otn/leftTicket/init'
# 关闭证书验证
r = requests.get(url, verify=False)
print(r.status_code)
# 开启证书验证
# r = requests.get(url, verify=True)
# 设置证书所在路径
# r = requests.get(url, verify= '/path/to/certfile')
```

4. 超时设置

发送请求后，由于网络、服务器等因素，从请求到响应会有一个时间差。如果不想程序等待时间过长或者延长等待时间，可以设定参数 timeout 的等待秒数，超过这个等待时间就会停止等待响应并引发一个异常。使用代码如下：

```python
requests.get("https://www.baidu.com/", timeout=0.001)
requests.post("https://www.baidu.com/", timeout=0.001)
```

5. 使用Cookies

在请求过程中使用 Cookies 也只需设置参数 Cookies 即可。Cookies 的作用是标识用户身份，在 Requests 中以字典或 RequestsCookieJar 对象作为参数。获取方式主要从浏览器读取或通过程序运行产生。下面的例子进一步讲解如何使用 Cookies，代码如下：

```python
import requests
url = 'https://movie.douban.com/'
temp_cookies='JSESSIONID_GDS=y4p7osFr0y2N!450649273;name=value'
cookies_dict = {}
for i in temp_cookies.split(';'):
    value = i.split('=')
    cookies_dict [value[0]] = value[1]
r = requests.get(url, cookies=cookies)
print(r.text)
```

代码中变量 temp_cookies 代表 Cookies 信息，可以在 Chrome 开发者工具→Network →某请求的 Headers→Request Headers 中找到 Cookie 的值。将 Cookie 信息由字符串转换成字典格式，在 Requests 发送请求的时候，设置参数 cookies 即可。

当程序发送请求时，在没有设置参数 cookies 的情况下，程序会自动生成一个 RequestsCookieJar 对象，该对象用于存放 Cookies 信息。Requests 提供 RequestsCookieJar 对象和字典对象相互转换的方法，代码如下：

```python
import requests
url = 'https://movie.douban.com/'
r = requests.get(url)
# r.cookies 是 RequestsCookieJar 对象
print(r.cookies)
mycookies = r.cookies

# RequestsCookieJar 转换字典
cookies_dict = requests.utils.dict_from_cookiejar(mycookies)
print(cookies_dict)

# 字典转换 RequestsCookieJar
cookies_jar = requests.utils.cookiejar_from_dict(
cookies_dict, cookiejar=None, overwrite=True)
print(cookies_jar)

# 在 RequestsCookieJar 对象添加 Cookies 字典中
print(requests.utils.add_dict_to_cookiejar(mycookies, cookies_dict))
```

如果要将 Cookies 写入文件，可使用 http 模块实现 Cookies 的读写。除此之外，还可以将 Cookies 以字典形式写入文件，此方法相比 http 模块读写 Cookies 更为简单，但安全性相对较低。使用方法如下：

```python
import requests
url = 'https://movie.douban.com/'
r = requests.get(url)
# RequestsCookieJar 转换字典
cookies_dict = requests.utils.dict_from_cookiejar(mycookies)
# 写入文件
f = open('cookies.txt', 'w', encoding='utf-8')
f.write(str(cookies_dict))
f.close()
# 读取文件
f = open('cookies.txt', 'r')
dict_value = f.read()
f.close()
# eval(dict_value)将字符串转换为字典
print(eval(dict_value))
r = requests.get(url, cookies=eval(dict_value))
print(r.status_code)
```

9.5 文件下载与上传

下载文件主要从服务器获取文件内容，然后将内容保存到本地。下载文件的方法如下：

```python
import requests
url = 'https://dldir1.qq.com/weixin/Windows/WeChatSetup.exe'
r = requests.get(url)
f = open('WeChatSetup.exe', 'wb')
# r.content 获取响应内容（字节流）
f.write(r.content)
f.close()
```

代码变量 url 是一个 EXE 文件 URL 地址，对文件所在 URL 地址发送请求（大多数是 GET 请求方式）；服务器将文件内容作为响应内容，然后将得到的内容以字节流（Bytes）格式写入自定义文件，这样就能实现文件下载。

　　除了文件下载外，还有更为复杂的文件上传，文件上传是将本地文件以字节流的方式上传到服务器，再由服务器接收上传内容，并做出相应的响应。文件上传存在一定的难度，其难点在于服务器接收规则不同，不同的网站，接收的数据格式和数据内容会不一致。下面以发送图片微博为例进行介绍。

　　（1）在浏览器中输入 https://weibo.cn/，在网页上单击"高级"按钮并使用 Fiddler 抓包工具（由于发送微博时，网页发生 302 跳转，因此使用 Chrome 会清空请求信息，导致抓取难度较大）。

　　（2）单击"选择文件"，选择图片文件并输入发布内容"Python 爬虫"，最后单击"发布"按钮发布微博。查看 Fiddler 抓取的请求信息，如图 9-4 所示。

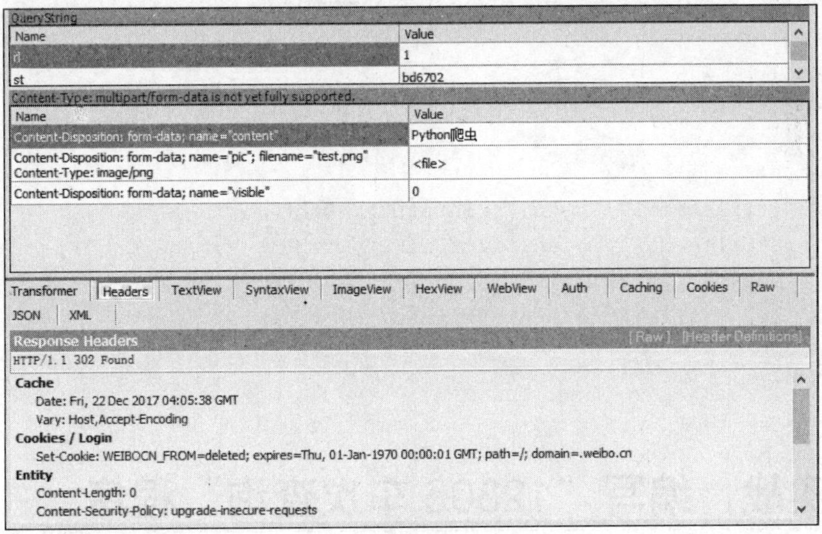

图 9-4　Fiddler 抓包信息

　　从图 9-4 中得知，该请求方式是 POST，QueryString 是 POST 的请求参数，Content-type是上传文件，三个 Content-Disposition 分别对应微博的发布内容、上传图片和设置分组可见。代码实现如下：

```
url = 'https://weibo.cn/mblog/sendmblog?rl=0&st=bd6702'
cookies = {'xxx': 'xxx'}
files = {'content': (None, 'Python 爬虫'),
        'pic': ('pic', open('test.png', 'rb'),
        'image/png'),'visible': (None, '0')}
r = requests.post(url, files=files, cookies=cookies)
print(r.status_code)
```

POST 数据对象以文件为主，上传文件时使用 files 参数作为请求参数。Requests 对提交的数据和文件所使用的请求参数做了明确的规定。参数 files 也是以字典形式传递，每个 Content-Disposition 为字典的键值对，Content-Disposition 的 name 为字典的键，value 为字典的值。上述代码设置了参数 cookies，因为这个图片上传需要用户登录才能实现，因此传入参数 cookies 可以实现用户登录。

此外，不同的网站设置对 files 参数的设置也是不一样的，下面列出较为常见的上传方法：

```
#单独一个文件请求
{
  "field1" : open("filePath1", "rb").read()
}


#同时选中多个文件
{
  "field1" : [
      ("filename1", open("filePath1", "rb")),
      ("filename2", open("filePath2", "rb"), "image/png"),
      open("filePath3", "rb"),
      open("filePath4", "rb").read()
      ]

}
```

9.6　实战：编写“12306 车次查询”程序

相信读者对 Requests 的使用有了一个大致的了解，接下来通过一个实例来进一步巩固 Requests 的使用。坐过火车的朋友都知道，在购买车票的时候，首先查询车票剩余量是否符合自己的出行计划。在 12306 的官网上提供了余票查询网址，在浏览器上代开 https://kyfw.12306.cn/otn/leftTicket/init，如图 9-5 所示。

查询车次信息首先要输入出发地、目的地和出发日期，完成信息输入后，单击"查询"按钮，网站根据输入的信息返回相应的车次信息。

从一个正常的车次查询流程中发现，网站与用户的数据交互是在用户单击"查询"按钮时发生，开发者工具捕捉到的请求信息如图 9-6 所示。

图 9-5　车票查询网页

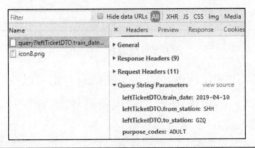

图 9-6　车票查询请求（上图）及响应内容（下图）

　　但有时候我们会发现，车票查询请求的 URL 地址会不定时地发生变化，主要将图 9-6 的 query 变为 queryA。因此，在编写代码的时候，需要分别对两个不同的 URL 进行访问，以确保能获取车次信息。如图 9-7 和图 9-8 所示。

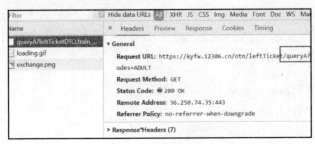

图 9-7　变化的 URL 地址

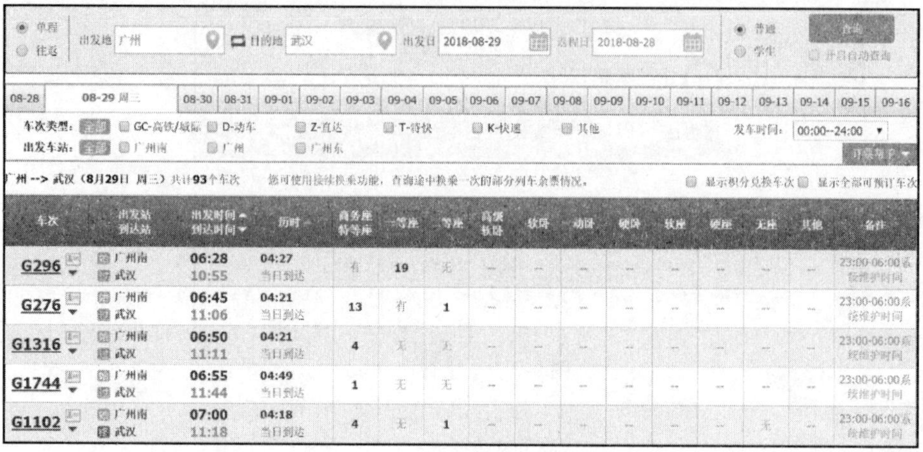

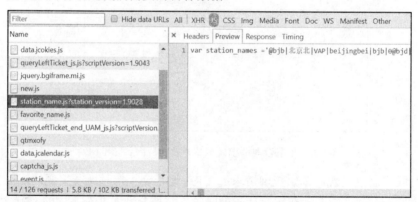

图 9-8　查询车次信息

从图 9-6 的响应内容与图 9-8 的网页查询车次信息对比可以发现，两者的数据是可以相互匹配的，网页上的车次信息由图 9-6 的响应内容按照某种方式渲染到网页上。也就是说，图 9-6 的响应内容就是我们需要的目标数据。

图 9-9　各个城市信息

想要得到车次信息，首先使用 Requests 模拟浏览器先网站服务器发送请求。从图 9-6 的请求信息可以看到，这个请求方式是一个 GET 请求，并且有 4 个参数，从参数的命名可以知道：

（1）leftTicketDTO.train_date 是车次出发日期。

（2）leftTicketDTO.from_station 是出发地。

（3）leftTicketDTO.to_station 是目的地。

（4）purpose_codes 是固定值。

在 4 个参数中，唯独出发地和目的地无法确定真实数据，两者都是由三位英文字母组成，前两个字母由城市名的拼音首字母组成，最后一个字母无法确认。但每个城市的英文编号是唯一的，如出发地为广州，那么它的请求参数必须为 GZQ。

我们尝试刷新网页，在网页中查找其他请求信息，是否在其他的请求信息中找到城市的英文编号。刷新网页后，在某个请求中找到城市编号信息，见图 9-9。

观察图上的数据结构，发现每个城市之间以 "@" 为一个开始点，那么每个城市以 "@" 分组处理；每一组中，再以 "|" 分组处理。经过两次分组，我们可以提取城市名以及城市编号，实现代码如下所示：

```python
import requests
def city_name():
url = 'https://kyfw.12306.cn/otn/resources/js/
framework/station_name.js?station_version=1.9063'
    city_code = requests.get(url)
    city_code_list = city_code.text.split("|")
    city_dict = {}
    for k, i in enumerate(city_code_list):
        if '@' in i:
            # 城市名作为字典的键，城市编号作为字典的值
            city_dict[city_code_list[k + 1]] = city_code_list[k + 2]
    return city_dict
```

现在可以根据城市名来确定城市编号，也就说我们确定了图 9-6 的请求参数，已经可以使用 Requests 来获取车次信息。但从响应内容发现，每班的车次信息也是使用 "|" 隔开，在这样的数据中提取有效的信息也是将 "|" 分组处理，然后根据数据的序列进行提取。整个功能的代码如下：

```python
import requests
def city_name():
    url = 'https://kyfw.12306.cn/otn/resources/js/
framework/station_name.js?station_version=1.9063'
    city_code = requests.get(url)
    city_code_list = city_code.text.split("|")
    city_dict = {}
    for k, i in enumerate(city_code_list):
        if '@' in i:
            # 城市名作为字典的键，城市编号作为字典的值
            city_dict[city_code_list[k + 1]] = city_code_list[k + 2]
    return city_dict
```

```python
def get_info(train_date, from_station, to_station):
    # 将城市名转换成城市编号
    city_dict = city_name()
    from_station = city_dict[from_station]
    to_station = city_dict[to_station]
    # 发送请求
    params = {
        'leftTicketDTO.train_date': train_date,
        'leftTicketDTO.from_station': from_station,
        'leftTicketDTO.to_station': to_station,
        'purpose_codes': 'ADULT'
    }
    # 通过 try……except 方式分别对不同的 URL 进行访问
    try:
        url = 'https://kyfw.12306.cn/otn/leftTicket/query'
        r = requests.get(url, params=params)
        info_text = r.json()['data']['result']
    except:
        url = 'https://kyfw.12306.cn/otn/leftTicket/queryA'
        r = requests.get(url, params=params)
        info_text = r.json()['data']['result']
    # 获取响应内容并提取有效数据
    info_list = []
    for i in info_text:
        info_dict = {}
        train_info = i.split('|')
        info_dict['train_no'] = train_info[3]
        info_dict['start_time'] = train_info[8]
        info_dict['end_time'] = train_info[9]
        info_dict['interval_time'] = train_info[10]
        info_dict['second_seat'] = train_info[30]
        info_dict['frist_seat'] = train_info[31]
        info_dict['special_seat'] = train_info[32]
        info_list.append(info_dict)
    return info_list


if __name__ == '__main__':
    train_date = '2018-10-29'
    from_station = '广州'
```

```
to_station = '武汉'
info = get_info(train_date, from_station, to_station)
print(str(info))
```

9.7　本章小结

接口自动化是通过查找网站接口，然后以代码的形式来模拟浏览器来发送请求，从而与网站服务器之间实现数据交互。

Requests 是 Python 的一个很实用的 HTTP 客户端库，常用于网络爬虫和接口自动化测试。它语法简单易懂，完全符合 Python 优雅、简洁的特性；在兼容性上，完全兼容 Python 2 和 Python 3，具有较强的适用性。

在使用 Requests 开发接口自动化之前，必须掌握使用浏览器的开发者工具去分析网站接口。所有的接口信息都在 Network 标签页，可以看到页面向服务器请求的信息、请求的大小以及加载请求花费的时间。从发起网页请求后，分析每个 HTTP 请求都可以得到具体的请求信息（包括状态、类型、大小、所用时间、Request 和 Response 等）。

常用的请求主要有 GET 和 POST，Requests 分为两种不同的方法来实现请求，完整的请求方式如下：

```
requests.get(url, params, headers, proxies, verify=True, cookies)
requests.post(url, params, headers, proxies, verify=True, cookies, files)
```

接口自动化开发也可以称为网络爬虫开发，两者实现的方法和原理都是相同的。如果读者对网络爬虫有兴趣可以关注笔者的《玩转 Python 网络爬虫》一书。

第 10 章

系统自动化开发

本章讲述如何使用 PyAutoGUI 实现系统自动化开发，通过 PyAutoGUI 控制计算机的鼠标和键盘的操作，达到系统自动化的目的。PyAutoGUI 可以实现计算机所有的自动化开发，它是通过图像的简单识别进行定位，再由鼠标或键盘对定位位置进行操作，从而实现自动化操作。

10.1　PyAutoGUI 概述及安装

PyAutoGUI 是一个纯 Python 开发的跨平台 GUI 自动化工具，它是通过程序来控制计算机的键盘和鼠标的操作，从而实现自动化功能。所谓的 GUI 是指图形用户界面，即通过图形方式来显示计算机的界面，早期的计算机是以命令行界面来操作，其中 Linux 服务器版本仍在使用，而日常工作中使用的 Windows、Mac 和 Linux 桌面发行版都是以 GUI 来显示。

PyAutoGUI 一共分为三大功能：鼠标操控、键盘操控和截图识别，三者可以相互协调使用。截图识别可以为计算机提供简单的视觉功能，让 PyAutoGUI 在计算机上找到某个按钮或某个图标的坐标位置，然后操作鼠标或键盘来实现自动化控制。

PyAutoGUI 的使用范围相当广泛，只要计算机能运行的 GUI 程序都可以控制，正因如此，程序在执行过程中，如果人为操作鼠标和键盘都会对程序的执行造成一定的影响，也就是说，PyAutoGUI 开发的自动化程序在稳定性方面是比较薄弱的。

在不同的平台，PyAutoGUI 的安装步骤有所不一样。在不同平台安装 PyAutoGUI，可能需要安装一些依赖模块，具体的安装方法如下。

- Windouws系统：无需安装依赖模块，在CMD上运行pip install pyautogui即可完成安装。
- Linux系统：首先安装的4个依赖模块，最后安装PyAutoGUI，安装指令如下：

```
sudo pip3 install python3-xlib
sudo apt-get install scrot
sudo apt-get install python3-tk
sudo apt-get install python3-dev
sudo pip3 install pyautogui
```

- Mac OS X系统：安装pyobjc模块再安装PyAutoGUI，安装指令如下：

```
pip3 install pyobjc-core
pip3 install pyobjc
pip3 install pyautogui
```

完成 PyAutoGUI 的安装，我们在终端进入 Python 的交互模式，验证模块安装是否成功，验证方法如下：

```
C:\Users\000>python
>>> import pyautogui
>>> pyautogui.__version__
'0.9.38'
```

10.2　截图与识别

PyAutoGUI 有特定的方法来截取计算机的屏幕，获取屏幕快照。屏幕快照是 RGB 模式的图像，RGB 模式是图片的色彩模式，R 代表 Red（红色），G 代表 Green（绿色），B 代表 Blue（蓝色），自然界中肉眼所能看到的任何色彩都可以由这三种色彩混合叠加而成。

在 Python 里面，RGB 颜色数值是一个长度为 3 的元组，如（62, 59, 55），62 代表红色的深浅程度，59 代表绿色，55 代表蓝色，每种颜色的数值范围是 0 到 255。

每台计算机的屏幕分辨率都是不同的，因此屏幕快照的分辨率也不同。屏幕分辨率是屏幕上显示的像素个数，分辨率 160×128 的意思是水平方向含有像素数为 160 个，垂直方向像素数 128 个。屏幕尺寸一样的情况下，分辨率越高，显示效果就越精细和细腻。通俗点理解，在一张图片里面，像素数可以比喻成一个点，这个点的颜色是 RGB 模式，那么多个点可以组成一条线，多条线可以组成一个面，而这个面就代表这张图片。如图 10-1 所示。

了解了图像的基本原理后，这个原理会对我们后续的开发有很大的帮助和指导。回到 PyAutoGUI，想通过它来获取屏幕快照，可以调用 screenshot()函数，在 PyCharm 或 Python 交互模式下输入以下代码，

```
import pyautogui
im = pyautogui.screenshot(imageFilename='screenshot.png')
```

运行代码，PyAutoGUI 会自动将计算机当前的屏幕进行全屏截图，并保存命名为 screenshot.png 文件，我们查看图片 screenshot.png 的属性信息，可以看到图像分辨率为 1920×1080，这个分辨率也是计算机的分辨率。如图 10-2 所示。

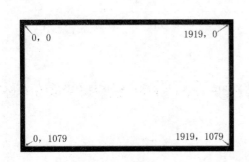

图 10-1　屏幕分辨率

图 10-2　图像属性

如果不想对计算机全屏截图，可以在 screenshot()函数传入参数 region 来设置截图坐标，坐标以平面坐标表示，分为 X 坐标和 Y 坐标。参数 region 是一个长度为 4 的元组，元组每个元素依次代表：X 坐标起点、Y 坐标起点、X 坐标终点和 Y 坐标终点。具体的示例代码如下：

```
import pyautogui
# region = (X坐标起点, Y坐标起点, X坐标终点, Y坐标终点)
region = (0, 100, 300, 400)
name = 'screenshot.png'
im = pyautogui.screenshot(region=region, imageFilename=name)
```

上述例子都是讲述计算机屏幕的截图功能，接下来讲述图像的简单识别。PyAutoGUI 的图像识别是通过图片的分辨率查找该图片在计算机屏幕里所在的坐标位置，图像识别调用 locateOnScreen()函数即可实现，函数参数 image 是目标图片，用于匹配计算机屏幕，目标图片必须为 PNG 格式，如果是 JPG 格式，PyAutoGUI 是无法识别。因为 JPG 格式会对图

片进行有损压缩处理，从而改变图像原有的分辨率，导致识别失败。locateOnScreen()函数的使用方法如下：

```
import pyautogui
location = pyautogui.locateOnScreen(image='target.png')
print(location)
```

以计算机的计算器为例，使用截图工具（比如 QQ 截图）截取计算器的数字 5，截取后的图片保存为 target.png 文件，在运行上述代码之前，必须保证计算器显示在当前屏幕。从程序的运行结果可以看到，坐标位置是一个长度为 4 的元组，元组的每个元素依次代表：X 坐标起点、Y 坐标起点、X 坐标偏移量和 Y 坐标偏移量，如图 10-3 所示。

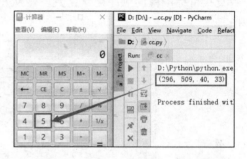

图 10-3　locateOnScreen 识别图像

图像坐标并非一成不变，计算器在计算机的显示位置不同，它的坐标位置也随之变化。图上的坐标位置 X 和 Y 是起始位置，也就是目标图像的最左上方的坐标位置，如果想获取目标图像的中心坐标位置，可以使用 center()或 locateCenterOnScreen()函数获取，根据上述示例，获取中心坐标位置的代码如下：

```
import pyautogui
# center()函数
location = pyautogui.locateOnScreen(image='target.png')
x, y = pyautogui.center(location)
print('center()函数：', x, y)
# 输出 256 368

# locateCenterOnScreen()函数
x, y = pyautogui.locateCenterOnScreen(image='target.png')
print('locateCenterOnScreen()函数：', x, y)
# 输出 256 368
```

上述代码输出的 XY 坐标与图 10-2 对比发现，图 10-2 的中心位置 X 坐标为 237+38/2=256，而上述代码输出的 X 坐标也是 256，显然 center()和 locateCenterOnScreen()函数都能直接得到目标图像的中心位置，无需通过计算获取。

如果计算机屏幕上有多个目标图像，而 locateOnScreen()函数只能识别到第一个目标图像，却无法识别全部目标图像。为了解决这个问题，可以使用 locateAllOnScreen()函数来识别全部目标图像的坐标位置，具体使用方法如下：

```
import pyautogui
location = pyautogui.locateAllOnScreen(image='target.png')
for i in location:
    print(i)
```

在计算机上打开多个计算器，目标图像依然是计算器的数字 5，locateAllOnScreen()函数查找目标图像的顺序是从上到下，从左到右。运行上述代码并查看识别结果，如图 10-4 所示。

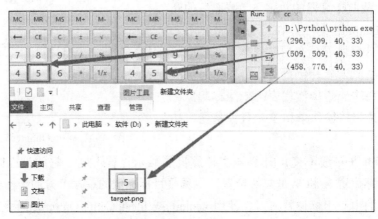

图 10-4　locateAllOnScreen 识别图像

除此之外，PyAutoGUI 还提供了灰度匹配和像素匹配。灰度匹配是在 locate 函数（如 locateOnScreen、locateCenterOnScreen 或 locateAllOnScreen）设置参数 grayscale=True 即可，它能加快定位速度，但会降低识别的准确率。

像素匹配可以使用 pixel()或 getpixel()函数来获取某个分辨率的 RGB 颜色数值，再由 pixelMatchesColor()函数实现颜色匹配。具体示例如下所示：

```
import pyautogui
from pyautogui import pixelMatchesColor
# 获取坐标点(100, 200)的 RGB 数值
pix = pyautogui.pixel(100, 200)
print('坐标点(100, 200)的 RGB 颜色数值: ', pix)
# 坐标点(100, 200)的 RGB 数值与 pix 匹配
matches_1 = pixelMatchesColor(100, 200, pix)
# 坐标点(100, 200)的 RGB 数值与 RGB 数值(62, 59, 59)匹配
# tolerance 设置每个颜色的误差值
matches_2 = pixelMatchesColor(100, 200, (62, 59, 59), tolerance=10)
```

10.3　鼠标控制功能

鼠标的功能主要有移动、拖动和单击，这也是我们日常操控鼠标的基本动作。PyAutoGUI 实现鼠标的控制离不开具体的坐标位置，比如将鼠标移动到某个地方，那么 PyAutoGUI 需要知道这个地方的具体坐标位置才能操控鼠标移动。PyAutoGUI 提供了 size() 函数和 position()，这两个函数可用于获取屏幕分辨率大小和鼠标当前的 XY 坐标。使用方法如下：

```
import pyautogui
screen = pyautogui.size()
print('屏幕分辨率：', screen)
mouse = pyautogui.position()
print('鼠标当前位置：', mouse)
```

鼠标的移动可以使用 moveTo()或 moveRel()函数来实现，虽说两者都能移动鼠标，但本质上也有一定的区别。moveTo()函数是将鼠标移动到固定某个坐标位置，moveRel()函数是根据鼠标的当前位置进行偏移移动。两者的使用方法如下：

```
import pyautogui
# 将鼠标移动到(10, 10)
pyautogui.moveTo(x=10, y=10, duration=3)
# 当前鼠标位置向 X 坐标偏移 100，Y 坐标偏移 80
pyautogui.moveRel(xOffset=100, yOffset=80, duration=3)
```

moveTo()的参数分别代表 X 坐标、Y 坐标和移动时间。X 坐标和 Y 坐标代表屏幕上某个像素点的坐标位置；移动时间 duration 默认值为 0，若 duration 为 0，鼠标会瞬间移动到目标位置，当 duration 大于 0，可以清晰地看到鼠标移动的轨迹。

moveRel()的参数分别代表 X 坐标偏移量、Y 坐标偏移量和移动时间。X 坐标偏移量可以为正数或负数，正数代表向右偏移，负数代表向左偏移；同理，Y 坐标偏移量若为正数表示向下偏移，负数表示向上偏移；移动时间 duration 与 moveTo()的 duration 是同一个功能。

默认情况下，鼠标的拖动是长按鼠标左键并发生移动，比如将桌面上的软件图标拖拉到桌面的其他位置。PyAutoGUI 的拖动功能由 dragTo()和 dragRel()实现，dragTo()是根据当前鼠标的位置拖动到某个坐标位置；dragRel()是根据当前鼠标的位置拖动到某个偏移位置。具体使用方法如下：

```
import pyautogui
# 先移动鼠标到(50,50)
pyautogui.moveTo(x=50, y=50, duration=3)
# 鼠标在坐标(50,50)进行拖拉，拖拉目的位置(500, 500)
pyautogui.dragTo(x=500, y=500, duration=2, button='left')
# 鼠标在坐标(500, 500)拖拉偏移量(-450, -450)，即回到(50,50)
pyautogui.dragRel(xOffset=-450, yOffset=-450, duration=2, button='left')
```

上述代码是将计算机最上方的图标拖拉到目的位置(500, 500)，然后再将图标拖回到原来的位置。为了更好地体现效果，运行程序之前，在电脑桌面上某个空白地方右键选择"查看"→取消"自动排列图标"→取消"将图标与网格对齐"，如图10-5所示。

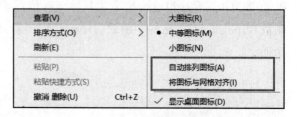

图 10-5　桌面设置

鼠标的单击由 click()函数实现，该函数包含了鼠标的单击、双击、按键类型（左键或右键）、单击间隔以及单击的坐标位置。click()函数的说明及使用如下：

```
# click(x=None, y=None, clicks=1, interval=0.0, button='left', duration=0.0)
# x 和 y 代表坐标位置
# clicks 代表单击次数
# interval 单击间隔
# button 设置单击右键或左键，参数值可以设置 left 或 right
# duration 移动坐标位置的移动时间
pyautogui.click(x=50, y=50, clicks=2, interval=0.25, button='left')
```

此外，还有鼠标的一些常用操作，如滚动，左键或右键的长按与释放，具体使用方式如下：

```
import pyautogui
# 参数 clicks 为正数代表鼠标向上滚动，负数代表向下滚动
pyautogui.scroll(clicks=10)
# 长按右键
pyautogui.mouseDown(button='right')
# 移动到(100, 200)再释放右键
pyautogui.mouseUp(button='right', x=100, y=200)
```

10.4　键盘控制功能

PyAutoGUI 控制键盘操作主要有文本输入、按键长按与释放以及热键组合使用，三种操作都由不同的函数实现。文本输入由 typewrite()函数实现，按键的长按与释放分别由 keyDown()和 keyUp()函数实现，热键组合使用是由 hotkey()函数实现。

typewrite()函数是根据当前活动的窗口来输入文本内容，也就说当前鼠标的光标在哪儿，文本就从哪儿输入。但 typewrite()只能输入英文字母，无法输入中文内容，如果是中英结合的文本内容，它也只能输出英文部分。typewrite()函数的使用如下：

```
import pyautogui
# interval 设置文本输入速度，默认值为 0
pyautogui.typewrite('你好! Python', interval=0.5)
```

typewrite()函数一般要结合鼠标单击函数 click()使用，click()函数用于激活文本框，如文件的文本框或网页的文本框等这类文本控件，当文本框被激活后，typewrite()函数就模拟键盘向文本框输入内容。

键盘的按键长按与释放与鼠标的长按与释放是同一个原理，按键长按可使得键盘的某个按键处于被按下的状态，按键释放是将被按下的按键释放出来。我们使用 keyDown()和 keyUp()函数实现快捷键开启任务管理器，具体代码如下：

```
import pyautogui
pyautogui.keyDown('ctrl')
pyautogui.keyDown('shift')
pyautogui.keyDown('esc')
pyautogui.keyUp('esc')
pyautogui.keyUp('shift')
pyautogui.keyUp('ctrl')
```

快捷键开启任务管理器需要同时按下 Ctrl+Shift+Esc 按键，而 keyDown()和 keyUp()函数参数是代表键盘上某个按键，当然也可以传入文本内容，只不过程序不会有任何操作而已。

热键是一种按键组合，它能使用或运行计算机上的某些功能，如常用的复制（Ctrl+C）粘贴（Ctrl+V）。所有的按键组合都可以使用 keyDown()和 keyUp()函数实现，只不过代码量较多，若是遇到多种按键组合，代码就显得相当复杂。因此，PyAutoGUI 提供了 hotkey()函数，只需将各种按键组合写入函数即可实现，以上述开启任务管理器为例，hotkey()函数的代码如下：

```
import pyautogui
pyautogui.hotkey('ctrl', 'shift', 'esc')
```

不管是 keyDown()、keyUp()或 hotkey()函数，函数参数 key 都是代表键盘上某个按键或组合按键，并且按键都是以字符串表示，对于一些特殊功能的按键，PyAutoGUI 已有相应的定义，如 keyUp('esc')，字符串 esc 就代表键盘上的 Esc 键。PyAutoGUI 对特殊功能的按键定义如图 10-6 所示。

```
['\t', '\n', '\r', ' ', '!', '"', '#', '$', '%', '&', "'", '(',
')', '*', '+', ',', '-', '.', '/', '0', '1', '2', '3', '4', '5', '6', '7',
'8', '9', ':', ';', '<', '=', '>', '?', '@', '[', '\\', ']', '^', '_', '`',
'a', 'b', 'c', 'd', 'e', 'f', 'g', 'h', 'i', 'j', 'k', 'l', 'm', 'n', 'o',
'p', 'q', 'r', 's', 't', 'u', 'v', 'w', 'x', 'y', 'z', '{', '|', '}', '~',
'accept', 'add', 'alt', 'altleft', 'altright', 'apps', 'backspace',
'browserback', 'browserfavorites', 'browserforward', 'browserhome',
'browserrefresh', 'browsersearch', 'browserstop', 'capslock', 'clear',
'convert', 'ctrl', 'ctrlleft', 'ctrlright', 'decimal', 'del', 'delete',
'divide', 'down', 'end', 'enter', 'esc', 'escape', 'execute', 'f1', 'f10',
'f11', 'f12', 'f13', 'f14', 'f15', 'f16', 'f17', 'f18', 'f19', 'f2', 'f20',
'f21', 'f22', 'f23', 'f24', 'f3', 'f4', 'f5', 'f6', 'f7', 'f8', 'f9',
'final', 'fn', 'hanguel', 'hangul', 'hanja', 'help', 'home', 'insert', 'junja',
'kana', 'kanji', 'launchapp1', 'launchapp2', 'launchmail',
'launchmediaselect', 'left', 'modechange', 'multiply', 'nexttrack',
'nonconvert', 'num0', 'num1', 'num2', 'num3', 'num4', 'num5', 'num6',
'num7', 'num8', 'num9', 'numlock', 'pagedown', 'pageup', 'pause', 'pgdn',
'pgup', 'playpause', 'prevtrack', 'print', 'printscreen', 'prntscrn',
'prtsc', 'prtscr', 'return', 'right', 'scrolllock', 'select', 'separator',
'shift', 'shiftleft', 'shiftright', 'sleep', 'space', 'stop', 'subtract', 'tab',
'up', 'volumedown', 'volumemute', 'volumeup', 'win', 'winleft', 'winright', 'yen',
'command', 'option', 'optionleft', 'optionright']
```

图 10-6　特殊功能按键

10.5　消息框功能

PyAutoGUI 引用 PyMsgBox 模块的消息框函数来实现 4 种不同类型的消息框：alert、confirm、prompt 和 password。4 种消息框的说明如下。

- alert：带有文本信息和单个按钮的简单消息框。参数text、title和button分别设置文本内容、提示框的标题以及按钮的命名，使用方法如下：

```
import pyautogui
msg = pyautogui.alert(text='这是 alert！', title='Alert', button='OK')
# msg 的值为 button 的值。
print(msg)
```

- confirm：带有文本信息和多个按钮的消息框。参数text、title和buttons分别设置文本内容、提示框的标题以及自定义按钮，参数buttons以列表表示，可以设置一个或多个按钮。如下所示：

```
import pyautogui
buttons = ['OK', 'Cancel']
msg = pyautogui.confirm(text='这是 confirm! ', title='Confirm',
buttons=buttons)
# 如果单击 OK 按钮, 则输出 OK, 如果单击 Cancel, 则输出 Cancel
print(msg)
```

- prompt: 带有文本信息、文本输入框及"确定"和"取消"按钮的消息框。参数text、title和default分别设置文本信息、提示框的标题以及文本输入框的默认值，使用方法如下:

```
import pyautogui
msg = pyautogui.prompt(text='这是 prompt! ', title='Prompt', default='')
# 若单击 OK, 则输出文本输入框的内容, 若单击 Cancel, 输出 None
print(msg)
```

- password: 与prompt相似，只不过文本输入框的内容会被参数mask所替换显示。使用方法如下:

```
import pyautogui
msg = pyautogui.password(text='这是 Pw! ', title='Password', default='',
mask='*')
# 若单击 OK, 则输出文本输入框的内容, 若单击 Cancel, 输出 None
print(msg)
```

10.6 实战："百度用户登录"程序

PyAutoGUI 是根据计算机的图形界面坐标定位来实现自动化操作，它能操作计算机上的任何软件，只要能在计算机上显示出来都可以操控，适用范围广，也正因如此，它的稳定性相当差。在第 8 章中，我们使用 Selenium 实现了网页的自动化操作，而在本章中，我们沿用第 8 章的例子，使用 PyAutoGUI 实现百度用户登录功能。

回顾一下百度用户登录过程，打开百度网站 https://www.baidu.com/，单击"登录"链接会弹出一个用户登录界面，然后再单击"用户名登录"，如图 10-7 所示。

在用户名登录界面中，百度会根据不同的用户名去检测是否需要设置验证码登录，这是由于不同的用户设置了不同的安全机制，那么在使用 PyAutoGUI 实现登录的时候，需要检测验证码是否存在。从界面上看到，根据关键字"换一张"来判断验证码，如图 10-8 所示。

图 10-7　百度登录界面　　　　　　　　图 10-8　用户名登录界面

从图 10-8 上可以看到，整个登录过程需要输入用户账号、密码、验证码和单击登录按钮。验证码还需要通过判断是否存在，若存在，则提示输入验证码，否则直接单击登录按钮。此外，验证码的内容有可能是中文，而 PyAutoGUI 不支持中文输入。对于这个问题，只能将中文发送到计算机的剪贴板上，然后由 PyAutoGUI 使用热键 hotkey()函数执行 Ctrl + V，将中文粘贴到网页的文本框里。

根据上述分析，我们将整个登陆过程一共划分了 4 个步骤，每个步骤说明如下：

（1）单击计算机桌面的浏览器图标，打开浏览器并输入百度首页地址。在打开百度之前，需要确保网址没有处于登录状态。

（2）在百度网页中找到"登录"链接的坐标位置，然后单击进入登录界面。登录界面是一个扫码登录，因此还需要单击下方的"用户名登录"链接，进入用户名登录界面。

（3）在用户名登录界面中，首先单击百度 logo，使界面处于活动状态，然后操控键盘的 tab 按键，依次激活用户名文本框、密码文本框和验证码文本框。每个文本框激活后会弹出一个消息提示框，让用户分别输入账号、密码和验证码信息。

（4）PyAutoGUI 输入登录信息之后，会单击两次"登录"按钮。如果登录信息正确，那么第二次单击"登录"按钮会抛出异常，程序会输出"登录成功"并终止循环；如果登录信息错误，第二次单击"登录"按钮等于让登录界面重新激活，并再次执行输入账号、密码和验证码。

在上述的实现步骤中，需要考虑一些技术难点以及功能架构的设计。比如验证码的输入、用户登录成功与失败的操作处理以及一些操作细节处理。根据这些问题，项目实现代码如下所示：

```python
import pyautogui
import time
import win32clipboard
import win32con
# 向剪贴板发送数据，用于 Ctrl + C
def settext(text):
    win32clipboard.OpenClipboard()
    win32clipboard.EmptyClipboard()
    win32clipboard.SetClipboardData(win32con.CF_UNICODETEXT, text)
    win32clipboard.CloseClipboard()

# 设置单击功能
def mouseClick(image, xoffset=0, interval=1, duration=1):
    x, y = pyautogui.locateCenterOnScreen(image)
    pyautogui.click(x+xoffset, y, interval=interval, duration=duration)
    time.sleep(1)

# 打开浏览器，进入用户账号密码登录界面
mouseClick('chrome.png')
mouseClick('url.png', 100)
pyautogui.typewrite('https://www.baidu.com/', interval=0.1)
pyautogui.hotkey('enter')
time.sleep(2)
mouseClick('login.png')
mouseClick('userLogin.png')

# 输入账号、密码、验证码
while 1:
    try:
        mouseClick('logo.png')
        # 账号
        pyautogui.hotkey('tab')
        username = pyautogui.prompt(text='输入百度账号', title='账号')
        pyautogui.typewrite(username, interval=0.2)
        # 密码
        pyautogui.hotkey('tab')
        pyautogui.hotkey('ctrl', 'a')
        password = pyautogui.password(text='输入百度密码', title='密码',
mask='*')
        pyautogui.typewrite(password, interval=0.2)
        # 验证码
```

```
    try:
        x, y = pyautogui.locateCenterOnScreen('code.png')
        pyautogui.hotkey('tab')
        code = pyautogui.prompt(text='输入验证码', title='验证码')
        settext(code)
        pyautogui.hotkey('ctrl', 'v')
    except: pass
    # 单击登录按钮
    mouseClick('su.png')
    mouseClick('su.png')
except:
    print('登录成功')
    break
```

上述代码实现了整个用户的登录过程，整段代码分为 4 部分，每个部分负责实现不同的功能，具体说明如下：

（1）settext()函数使用 win32con 和 win32clipboard 模块实现，可将数值传入计算机的剪贴板里，相当于 Ctrl＋C 的功能，该函数用于中文验证码的输入。

（2）mouseClick()函数根据传入的图片识别计算机屏幕上的图形所在位置，然后对该图形进行单击操作。其中函数参数 xoffset 是 X 坐标的偏移位置，因为网址输入框是一个空白的文本框，PyAutoGUI 无法准确定位，因此将地址栏前面的刷新按钮作为定位目标，然后根据定位坐标执行偏移单击，这样就能激活网址输入框。

（3）打开浏览器并进入用户名登录界面，这是项目刚开始执行的程序。程序首先单击 Windows 任务栏的浏览器图标，打开浏览器，如图 10-9 所示；然后定位浏览器的刷新按钮，单击按钮后面的网址输入框并输入百度首页进行访问；在百度首页单击"登录"链接，网页就会出现扫码登录界面，最后单击"用户名登录"，进入用户名登录界面。具体操作过程如图 10-8 所示，用户名登录界面如图 10-9 所示。

图 10-9　单击浏览器图标

（4）在用户名登录界面里，设置了一个 while 循环和两个 try…except 异常机制。在 while 循坏里，首先单击百度 logo，目的是激活用户名登录界面。然后通过快捷键 tab 分别激活账号、密码及验证码文本输入框，每激活一次都会弹出消息框，消息框用于输入账号、密码和验证码信息。验证码部分使用 try…except 处理，因为不是所有的账号都有验证码出现。最后单击两次"登录"按钮，对于这个设定在上述步骤说明中已有解释。

最后，代码中的图片必须为 png 格式，读者在运行上述代码之前，需要重新对定位图片进行截取，因为每台计算机的分辨率都有所差异，定位图片很难通用每台计算机。定位图片信息如图 10-10 所示。

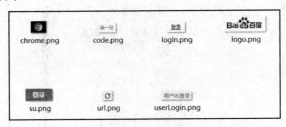

图 10-10　定位图片

10.7　本章小结

PyAutoGUI 是一个纯 Python 开发的跨平台 GUI 自动化工具，它是通过程序来控制计算机的键盘和鼠标的操作，从而实现自动化功能。所谓的 GUI 是指图形用户界面，这是通过图形方式来显示计算机的界面，早期的计算机是以命令行界面来操作，其中 Linux 服务器版本仍在使用，而日常工作中使用的 Windows、Mac 和 Linux 桌面发行版都是以 GUI 来显示。

PyAutoGUI 主要有三大功能：鼠标操控、键盘操控和截图识别，三者可以相互协调使用。截图识别可以为计算机提供简单的视觉功能，让 PyAutoGUI 在计算机上找到某个按钮或某个图标的坐标位置，然后操作鼠标或键盘来实现自动化控制。PyAutoGUI 的函数汇总如表 10-1 所示。

表 10-1　PyAutoGUI 的函数汇总

函　数	说　明
screenshot()	对当前屏幕截屏
locateOnScreen()	找出图标具体的坐标位置
locateCenterOnScreen()	找出图标的中心坐标位置
center()	根据图标具体的坐标位置找出中心坐标
locateAllOnScreen()	找出所有符合条件的图标位置
pixelMatchesColor()	某个像素点与颜色匹配
size()	获取屏幕分辨率
position()	获取当前鼠标的光标位置

（续表）

函　　数	说　　明
moveTo()	鼠标移动到某个坐标
moveRel()	当前鼠标所在位置进行偏移
click()	鼠标单击功能
mouseDown()	鼠标按键长按
mouseUp()	鼠标按键释放
scroll()	鼠标滑珠滚动
typewrite()	键盘的文本输入
keyDown()	键盘某个按键长按
keyUp()	键盘某个按键释放
hotkey()	键盘的热键组合使用
alert()	带有文本信息和单个按钮的消息框
confirm()	带有文本信息和多个按钮的消息框
prompt()	带有文本信息、文本输入框和按钮的消息框
password()	与 prompt 相似，输入的文本内容会屏蔽显示

第 **11** 章

软件自动化开发

本章讲述如何使用 PyWinAuto 实现软件自动化开发，其底层原理是 Windows API，因此只适用于 Windows 操作系统。它主要对 Windows 的桌面应用实现自动化操作，如办公软件 Word 和 IE 浏览器等。

11.1 PyWinAuto 概述及安装

PyWinAuto 也是一个用纯 Python 编写的 GUI 自动化库，用于自动化操作 C/S 软件，也就是计算机上一些应用软件，比如计算机的 QQ 软件、Excel 和 Word 等，它只适用于 Windows 的 GUI。

PyWinAuto 将 Windows 的 GUI 分为 Win32 和 uia，这是由于 Microsoft 平台开发的 C/S 应用程序底层原理有所不同，两者的实现原理分别基于 Win32 API 和 MS UI，这是 Microsoft 平台的应用程序的底层接口。Win32 支持 MFC、VB6、VCL、简单的 WinForms 控件和大多数旧的应用程序；uia 支持 WinForms、WPF 和 Qt5 等。

讲了这么多，相信读者也很难区分一个软件究竟是 Win32 还是 uia，如果单纯去看或简单操作是无法识别的，因此我们需要借助辅助软件识别软件的类型。开发软件的自动化程序必须借助辅助软件才能完成，这些软件能帮我们捕捉软件的控件信息，比如某个按钮在软件里的命名，这种命名并不是软件表面上看到的"确定"或"登录"按钮，而是软件底层中的一些命名。常用的辅助软件如图 11-1 所示。

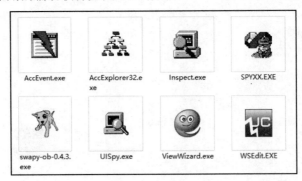

图 11-1 辅助软件

从图 11-1 看到，这类辅助软件类型有很多，尽管如此，它们的使用方法都是相似的。本书讲述如何使用 Inspect.exe 和 UISpy.exe 识别软件类型。

下面介绍搭建 PyWinAuto 的开发环境，PyWinAuto 模块有三个依赖模块：pyWin32、comtypes 和 six 模块，这些模块在安装 PyWinAuto 的时候会自动安装。我们选择傻瓜式安装方法，在 Windows 的 CMD 下输入安装指令：pip install pywinauto 即可完成安装。

PyWinAuto 安装成功后，在 CMD 下进入 Python 的交互模式，进一步验证 PyWinAuto 是否安装成功，具体的验证方法如下：

```
C:\Users\000>python
Python 3.7.0 (v3.7.0:1bf9cc5093, Jun 27 2018, 04:59:51) [MSC v.1914 64 bit
(AMD64)] on win32
Type "help", "copyright", "credits" or "license" for more information.
>>> import pywinauto
>>> pywinauto.__version__
'0.6.5'
```

11.2　查找软件信息

查找软件信息与 Selenium 的元素查找非常相似，只不过两者所使用的查找工具有所不同。软件信息主要有软件中的功能控件，如按钮、文本框、表格、下拉框等。查找这些信息的目的是为了获取控件在软件里的命名，例如一个软件界面有多个按钮，若想精准地单击其中一个按钮，那么我们需要知道这个按钮的命名才能让 PyWinAuto 去识别和单击。

由于软件的类型分为 Win32 和 uia，因此需要分别讲述 Inspect.exe 和 UISpy.exe 的使用方法，即前者是查找 uia 软件的信息，后者是查找 Win32 软件的信息。

首先述述 Inspect.exe 的使用，打开 Inspect.exe 可以看到软件界面划分三大区域：功能区、软件汇总区和软件信息区，如图 11-2 所示。

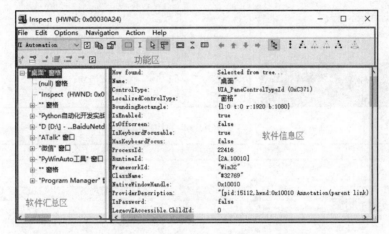

图 11-2 Inspect 界面信息

功能区是 Inspect 的功能设置，一般情况下我们使用默认设置即可。如果要查找 uia 软件的信息，在功能区左上角的下拉列表中选中 UI Automation 选项，否则 Inspect 无法捕捉软件信息。

软件汇总区是当前计算机全部正在运行的软件列表，单击"+"号可以看到该软件下的一些控件信息。

软件信息区是显示当前控件的详细信息，当单击左侧的软件汇总区某个控件或者鼠标单击一下计算机上某个软件的程序窗体，它就会自动显示相关的信息

为了更好地理解 Inspect 的使用，我们运行 qtGUI.py 文件，该文件生成一个由 PyQt5 开发的软件界面。在运行文件之前，需要使用 pip 安装 PyQt5 模块（pip install pyqt5）。qtGUI.py 文件运行后会启动一个名为 Pywinauto 的软件，软件中含有一些常用的控件，如文本输入框、单选按钮、下拉框、勾选框、按钮和表格，这些控件都可以通过 Inspect 捕捉，如图 11-3 所示。

从图 11-3 可以看到，Inspect 获取了整个软件的控件信息，在右侧的软件信息区里，一般只需关注属性 Name、ClassName 和 AutomationId 的信息，这些信息用于 PyWinAuto 连接并操控软件。

接下来述述 UISpy.exe 的使用，打开 UISpy.exe 看到软件界面与 Inspect.exe 的界面相似，也是分为三大区域：功能区、软件汇总区和软件信息区，如图 11-4 所示。

图 11-3 qtGUI.py 的控件信息

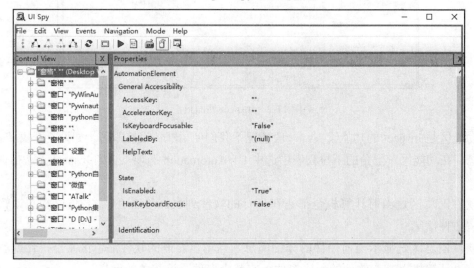

图 11-4 UISpy 界面信息

运行 wxGUI.py 文件，该文件生成一个与 qtGUI.py 类似的软件界面，但它是由 wxPython 库开发的软件，wxPython 是一个 Python 包装 wxWidgets（基于 C++编写）的跨平台 GUI 工具包。在运行文件之前，需要安装 wxPython 模块，该模块可以使用 pip 指令安装（pip install wxPython）。wxGUI.py 文件运行后启动一个名为 Pywinauto 的软件，然后在 UISpy 查看该软件信息，如图 11-5 所示。

根据图 11-5 中的信息可知，我们只需获取控件属性 ClassName 和 Name 即可，因为 PyWinAuto 主要通过这些属性来定位并操控控件。综合上述，不同的软件类型需要使用不同的辅助软件去识别，在开发 PyWinAuto 自动化程序的时候，使用辅助软件获取软件的信息，通过这些信息实现 PyWinAuto 和软件的连接与操控。

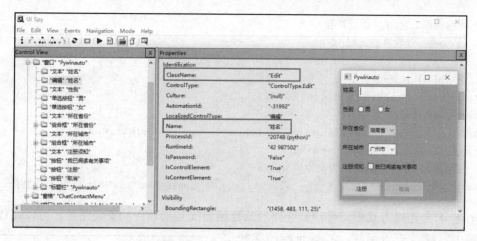

图 11-5　wxGUI.py 的控件信息

值得注意的是，有时候会出现同一个辅助软件都可以识别 Win32 和 uia 类型的情况，因为 Win32 和 uia 有很多相同的共性，但是细心观察会发现，不同类型的软件使用同一个辅助软件去识别，辅助软件能识别控件的信息会有所不同。比如使用 UISpy.exe 识别两个一样的软件，但两个软件分别是 Win32 和 uia 类型，它可以识别 Win32 的所有控件信息，但无法识别 uia 的所有控件信息。

11.3　连接 CS 软件

在 PyWinAuto 连接软件之前，首先需要确定软件的类型，然后使用 PyWinAuto 的 Application 类实例化并设置软件类型。具体的实现方法如下：

```
from pywinauto.application import Application
# 创建 uia 软件实例
app = Application(backend='uia')
# 创建 win32 软件实例
app = Application(backend='win32')
```

上述例子只是创建一个软件实例对象，也就是将 PyWinAuto 的 Application 类实例化并设置软件类型。实例对象 app 还没有将 PyWinAuto 和目标软件实现连接。而 PyWinAuto 连接软件有两种方式：连接已在运行的软件和启动软件并连接。

连接已在运行的软件是在 app 对象中使用 connect()方法实现，这样 PyWinAuto 可以直接连接计算机上正在运行的软件应用程序。connect()方法支持 4 种连接方式，代码如下：

```
# 使用进程 ID(PID)进行连接
# process 是软件的进程 ID
sw = app.connect(process=24292)
# 使用窗口句柄连接
sw = app.connect(handle=0x50074)
# 使用软件路径连接
path = "C:\Program Files (x86)\Tencent\WeChat\WeChat.exe"
sw = app.connect(path=path)
# 使用标题、类型等匹配,可支持模糊匹配
sw = app.connect(title_re='微信*', class_name='WeChatMainWndForPC')
```

上述 4 种连接方式中,使用软件路径的连接方式是指软件的安装路径,可以在程序图标上单击右键,查看属性,找到目标的路径信息,如图 11-6 所示,而其余三种连接方式均可在辅助软件里找到相关信息,如图 11-7 所示。

4 种连接方式中,第一和二种方式的通用性不强,因为软件每次启动运行的时候,进程数和句柄信息都可能不一样;第三种方式最为直接简单,而且软件的安装路径也相对固定;第四种方式的灵活性最强,因为参数可以支持模糊匹配,如参数 title_re 和 class_name_re。

图 11-6　软件路径信息

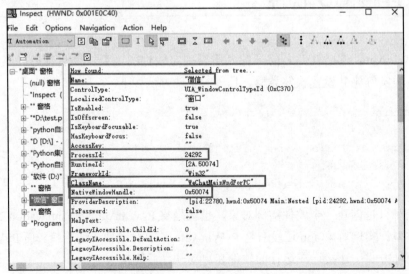

图 11-7　软件连接信息

　　启动软件并连接是通过 PyWinAuto 启动一个软件程序并对其连接，这个过程由 start()
方法实现。使用 start()方法需要将软件应用的路径信息传入，PyWinAuto 在执行的时候，会
根据路径去启动这个软件应用并连接，使用方法如下：

```
# 启动并连接微信
path = "C:\Program Files (x86)\Tencent\WeChat\WeChat.exe"
sw = app.start(path)
```

　　连接了软件之后，下一步是对软件窗口进行定位。窗口定位由 window()方法实现，该
方法在 sw 对象里使用，并且生成窗口对象 dlg_spec，最后可以使用 print_control_identifiers()
方法将当前窗口里面的控件信息全部输出，具体的使用方法如下：

```
# 获取软件的窗口对象 dlg_spec
dlg_spec = sw.window(title_re='微信*', class_name='WeChatMainWndForPC')
# 输出窗口里的控件信息
dlg_spec.print_control_identifiers()
```

　　综合上述，整个软件连接分为 4 个步骤：

　　（1）创建 Application 实例 app 对象并设置软件类型。

　　（2）将 app 对象与目标软件进行连接，生成 sw 对象。连接软件有两种方法：connect()
和 start()。

　　（3）在 sw 对象中使用 window()方法进行软件窗口定位，生成 dlg_spec 对象。

　　（4）在 dlg_spec 对象使用 print_control_identifiers()将当前窗口的控件信息全部输出。
完整代码如下：

```
from pywinauto.application import Application
# 创建 Application 实例 app 对象并设置软件类型
app = Application(backend='uia')
# 将 app 对象与目标软件进行绑定，生成 sw 对象
path = "C:\Program Files (x86)\Tencent\WeChat\WeChat.exe"
sw = app.connect(path=path)
# 获取软件的窗口对象 dlg_spec
dlg_spec = sw.window(title_re='微信*', class_name='WeChatMainWndForPC')
# 输出窗口里的控件信息
dlg_spec.print_control_identifiers()
```

　　由于上述代码是使用 connect()方法连接微信软件，因此在代码运行之前必须在
Windows 的任务栏保证微信处于正在运行状态，代码输出的结果如图 11-8 所示。

```
Control Identifiers:

Dialog - '微信'       (L1217, T304, R2067, B881)
['Dialog', '微信Dialog', '微信']
child_window(title="微信", control_type="Window")
  |
  | Pane - ''       (L1197, T284, R2087, B901)
  | ['', 'Pane', 'Pane0', 'Pane1', '0', '1']
  |
  | Pane - 'ChatContactMenu'    (L-10000, T-10000, R-9999, B-9999)
  | ['ChatContactMenuPane', 'ChatContactMenu', 'Pane2']
  | child_window(title="ChatContactMenu", control_type="Pane")
  |   |
  |   | Pane - ''       (L-10019, T-10019, R-9980, B-9980)
  |   | ['2', 'Pane3']

Process finished with exit code 0
```

图 11-8　PyWinAuto 连接微信电脑版

代码中的 print_control_identifiers()方法是将当前窗口的控件信息输出，然后通过这些信息去控制软件中的控件。图上的信息说明如下：

（1）child_window 表示这个软件里的子窗口，子窗口可以是单个控件，也可以是多个控件的组合。

（2）控件信息分为控件名、控件的坐标位置及 PyWinAuto 对控件的命名，如 Pane－"代表控件名。

（3）(L1197, T284, R2087, B901)代表控件的坐标位置。

（4）['', 'Pane', 'Pane0', 'Pane1', '0', '1']代表 PyWinAuto 对控件的命名，PyWinAuto 操作某个控件需要通过这些命名定位。

如果使用 child_window() 定位软件的子窗口，在子窗口对象中使用 print_control_identifiers()方法只会输出这个子窗口里面的控件信息，具体的代码如下：

```python
from pywinauto.application import Application
# 创建 Application 实例 app 对象并设置软件类型
app = Application(backend='uia')
# 将 app 对象与目标软件进行绑定，生成 sw 对象
path = "C:\Program Files (x86)\Tencent\WeChat\WeChat.exe"
sw = app.connect(path=path)
# 获取软件的窗口对象 dlg_spec
dlg_spec = sw.window(title_re='微信*', class_name='WeChatMainWndForPC')
# 定位子窗口
cw = dlg_spec.child_window(title="ChatContactMenu", control_type="Pane")
cw.print_control_identifiers()
```

运行结果如图 11-9 所示。

```
Control Identifiers:

Pane - 'ChatContactMenu'    (L-10000, T-10000, R-9999, B-9999)
['ChatContactMenuPane', 'Pane', 'ChatContactMenu', 'Pane0', 'Pane1']
child_window(title="ChatContactMenu", control_type="Pane")
   |
   | Pane - ''    (L-10019, T-10019, R-9980, B-9980)
   | ['', 'Pane2']
```

图 11-9　子窗口的控件信息

从上述例子可以看到，PyWinAuto 会将软件看成一个 Window，而软件里面可以包含多个子窗口 child_window，这些子窗口大多数都是一些软件控件，这些控件可以再嵌套一些控件在里面，这样就变成了子窗口。

在上一节中，我们讲过同一个辅助软件可以识别 Win32 和 uia 的软件，但识别出来的控件信息是存在差异的。如果要更加准确地判断一个软件的类型，可以分别设置 PyWinAuto 的软件类型参数 backend，然后使用 print_control_identifiers() 方法分别输出软件的控件信息，哪个类型输出的信息较多，则可以判断该软件就属于这个类型。

11.4　基于 Uia 软件操控

我们知道，PyWinAuto 将软件分为 uia 和 Win32 类型，PyWinAuto 对于不同的软件类型有着不一样的操控方式。本节主要讲述 uia 软件的操控方法，以 qtGUI.py 文件的软件为例，软件中列出了一些常用的控件：文本框、单选框、下拉框、勾选框、按钮以及表格，如图 11-10 所示。

在计算机上运行 qtGUI.py 文件，我们将 qtGUI.py 文件生成的软件称为 qtGUI 软件。通过 Inspect 辅助工具捕捉 qtGUI 软件的信息，见图 11-3；然后使用 PyWinAuto 连接 qtGUI 软件，连接代码如下：

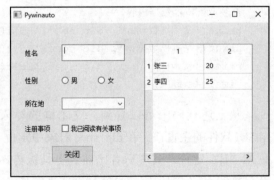

图 11-10　软件界面

```
from pywinauto.application import Application
import time
```

```
# 实例化 Application 并连接 qtGUI 软件
app = Application(backend='uia')
dlg = app.connect(title_re='Pywinauto', class_name='QMainWindow')
# 绑定 qtGUI 软件窗口
dlg_spec = dlg.window(title_re='Pywinauto', class_name='QMainWindow')
# 输出 qtGUI 软件的窗口信息
dlg_spec.print_control_identifiers()
# 设置焦点，使其处于活动状态
dlg_spec.set_focus()
```

上述代码连接了 qtGUI 软件并输出软件里的控件信息，通过这些输出信息，可以分别对软件的控件进行自动化操控。首先对 qtGUI 软件的文本框进行文本写入和读取，在输出信息中找到文本框的信息，如图 11-11 所示。

```
Edit - ''     (L1437, T556, R1558, B587)
['2', 'Edit', 'Edit0', 'Edit1', '20', '21', '200', '201']
child_window(auto_id="Dialog.textEdit", control_type="Edit")
```

图 11-11　文本框控件信息

图 11-11 中是 qtGUI 软件的文本框信息，PyWinAuto 对文本框有多个命名，我们只需取其中一个命名即可实现自动化操控。一般来说，命名的选取都是以特征明显优先，如图中的 Edit0 和 Edit1 最具代表性。以 Edit0 为例，文本框的写入和读取方法如下：

```
# 文本框输入数据
dlg_spec.Edit0.set_edit_text('Hello Python')
dlg_spec['Edit0'].type_keys('Hi Python')
# 获取文本框数据内容
print('文本框数据：', dlg_spec['Edit0'].texts())
print('文本框数据：', dlg_spec['Edit0'].text_block())
print('文本框数据：', dlg_spec['Edit0'].window_text())
time.sleep(1)
```

从上述代码中可以看到，文本框的写入和读取是基于 dlg_spec 对象，它是定位了 qtGUI软件的主窗口。在 dlg_spec 对象中定位 Edit0 文本框有两种方式：使用"."定位或者使用"[]"定位，其中后者比前者更具优势，因为有时候控件命名会出现一些特殊符号，在这种情况，"[]"定位也能精准实现定位。

对于文本框的写入分别使用了 set_edit_text()和 type_keys()方法实现，两者都能实现中英文输入。前者在输入内容之前会清空文本框的内容再输入；后者不管文本框是否已有内容都会直接输入。而读取文本框内容可以使用 window_text()、texts()或 text_block()实现。

再看 qtGUI 软件的单选框，软件中设有两个单选框，分别代表男和女，具体的控件信息如图 11-12 所示，根据图中的信息，PyWinAuto 实现单选框的单击和读取方法如下：

```
# 依次单击单选框
dlg_spec.RadioButton0.select()
dlg_spec.RadioButton2.click_input()
# 读取单选框
print('单选框数据：', dlg_spec.RadioButton0.texts())
print('单选框数据：', dlg_spec.RadioButton0.window_text())
time.sleep(1)
```

```
| RadioButton - '男'    (L1378, T562, R1412, B578)
| ['男RadioButton', '男', 'RadioButton', 'RadioButton0', 'RadioButton1']
| child_window(title="男", auto_id="Dialog.radioButton", control_type="RadioButton")
|
| CheckBox - '我已阅读有关事项'    (L1378, T652, R1495, B668)
| ['我已阅读有关事项CheckBox', '我已阅读有关事项', 'CheckBox']
| child_window(title="我已阅读有关事项", auto_id="Dialog.checkBox", control_type="CheckBox")
|
| Edit - '姓名'    (L1308, T512, R1362, B524)
| ['8', 'Edit2']
| child_window(title="姓名", auto_id="Dialog.label", control_type="Edit")
|
| RadioButton - '女'    (L1448, T562, R1482, B578)
| ['女', 'RadioButton2', '女RadioButton']
| child_window(title="女", auto_id="Dialog.radioButton_2", control_type="RadioButton")
```

图 11-12　单选框控件信息

单选框的单击可以使用 select()或 click_input()方法实现，前者无需移动鼠标就可以实现单击勾选，而后者是将鼠标光标移动到单选框的位置才执行单击操作。单选框的内容读取使用 texts()方法，读取结果以列表的形式表示，如代码中读取结果为：['男']，而window_text()是以字符串的形式返回读取结果。

下拉框的选值和读取也是使用 set_edit_text()和 texts()方法实现。使用 set_edit_text()必须保证下拉框是支持文本编辑，也就是在下拉框中可输入文本内容；texts()方法是读取下拉框里全部的选项值，每个选项值以一个列表表示。实现代码如下：

```
# 设置下拉框的可选值
dlg_spec.ComboBox.Edit.set_edit_text('浙江省')
# 读取下拉框当前的数据
print('下拉框数据：', dlg_spec.ListBox.texts())
time.sleep(1)
# 输出：下拉框数据： [['广东省'], ['浙江省'], ['湖南省']]
```

如果下拉框不支持文本编辑，使用 set_edit_text()就会提示异常信息。正常情况下，人为操作无法编辑的下拉框时，需要对下拉框进行两次单击，第一次单击是为了显示下拉列表，第二次单击是在下拉列表中选择列表值，那么，PyWinAuto 可以模拟人为的操作过程，从而实现自动化，具体代码如下：

```
# 在 qtGUI.py 设置 self.comboBox.setEditable(False) 即可实现无法编辑
# 单击下拉框，打开下拉列表
dlg_spec.ComboBox.click_input()
# 单击下拉列表某个值
dlg_spec['浙江省'].click_input()
```

qtGUI 的勾选框和按钮的单击和读取都是可以使用 click_input()、click()和 texts()、window_text()方法实现。单击方法 click_input()和 click()在使用上存在区别，对于 uia 软件来说，click_input()方法可以适用于任何控件的单击，而 click()方法只使用部分控件。比如单击文本框，前者可以对文本框进行单击操作，而后者则会提示异常。勾选框和按钮的操作方法如下所示：

```
# 读取并单击 CheckBox 勾选框
dlg_spec.CheckBox.click_input()
dlg_spec.CheckBox.click()
print('勾选框数据: ', dlg_spec.CheckBox.texts())
print('勾选框数据: ', dlg_spec.CheckBox.window_text())
time.sleep(1)
# 读取并单击关闭按钮
print('按钮数据: ', dlg_spec.Button4.texts())
print('按钮数据: ', dlg_spec.Button4.window_text())
dlg_spec.Button4.click_input()
dlg_spec.Button4.click()
```

最后，使用 PyWinAuto 读取和修改数据表里面的数据。首先分析数据表的数据结构，数据表是由 Table 控件生成的，该控件下有 Header 和 DataItem 元素：Header 元素代表数据表的标题；DataItem 元素代表数据表的数据内容。如图 11-3 所示。

从 DataItem 的命名分析可知，每个 DataItem 是以 DataItemX 按序命名，如"张三"的 DataItem 命名为 DataItem1，"20"的 DataItem 命名为 DataItem2。根据这个规律，可以编写一个数据读取的功能，具体代码如下：

```
# 读取数据表的所有数据
print('数据表的所有数据: ', dlg_spec.Table.children_texts())
# 输出: ['', '1', '2', '1', '张三', '20', '2', '李四', '25']
index = 1
result = []
```

```
while 1:
    try:
        if dlg_spec['DataItem' + str(index)].texts() in result:
            break
        result.append(dlg_spec['DataItem' + str(index)].texts())
        index += 1
    except: break
print('数据表的表格数据', result)
# 输出: [['张三'], ['20'], ['李四'], ['25']]
```

```
Table - ''      (L1743, T461, R1954, B682)
['14', 'Table']
child_window(auto_id="Dialog.tableWidget", control_type="Table")
   |
   | Pane - ''      (L0, T0, R0, B0)
   | ['15', 'Pane']
   |
   | Header - '1'      (L1759, T462, R1859, B487)
   | ['16', 'Header', '1Header', 'Header0', 'Header1', '1Header0', '1Header1']
   | child_window(title="1", control_type="Header")
   |
   | Header - '2'      (L1859, T462, R1959, B487)
   | ['2Header', '22', 'Header2', '2Header0', '2Header1']
   | child_window(title="2", control_type="Header")
   |
   | Header - '1'      (L1744, T487, R1759, B517)
   | ['17', 'Header3', '1Header2']
   | child_window(title="1", control_type="Header")
   |
   | DataItem - '张三'      (L1759, T487, R1858, B516)
   | ['DataItem', '张三DataItem', '张三', 'DataItem0', 'DataItem1']
   | child_window(title="张三", control_type="DataItem")
   |
   | DataItem - '20'      (L1859, T487, R1958, B516)
   | ['DataItem2', '20DataItem', '202']
   | child_window(title="20", control_type="DataItem")
```

图 11-13　数据表的结构信息

上述代码中，首先读取数据表的所有数据，这是由 children_texts（）方法实现，如果使用 texts()方法读取数据，读取结果是一个空的列表，说明 Table 控件不支持 texts()方法。

若想修改表格里面某个数据，实现步骤模拟人为修改的过程。首先单击数据表里面的某个表格，使其处于激活状态，然后再输入相应的内容即可实现，代码如下所示：

```
# 修改数据表表格数据
dlg_spec['DataItem'].click_input()
dlg_spec['DataItem'].type_keys('小黄')
time.sleep(1)
```

此外，PyWinAuto 还能操控 qtGUI 软件的最大化、最小化和关闭按钮，具体操作方法如下：

```
# 最大化、最小化和关闭按钮的操作
dlg_spec.TitleBar.最大化.click()
dlg_spec.TitleBar.最小化.click()
dlg_spec.TitleBar.关闭.click()
```

综合上述，整个 qtGUI 软件的自动化操控过程如下：

（1）将 PyWinAuto 与 qtGUI 软件实现连接，生成 dlg 对象，再通过 dlg 对象对软件的主窗口进行绑定与定位，生成 dlg_spec 对象。

（2）通过 dlg_spec 对象再对目标控件进行定位，定位方法支持"."定位或者"[]"定位。

（3）目标控件定位后，使用操控方法实现自动化，主要的操控方法有：text_block()、texts()、window_text()、select()、click()、click_input()、set_edit_text()、type_keys() 和 children_texts()。各种操控方法的使用范围以及适用对象都是各不相同。

11.5　基于 Win32 软件操控

本节讲述 Win32 的软件自动化开发，以 wxGUI.py 文件的软件为例，我们将软件称为 wxGUI 软件，它列出了一些常用的控件：文本框、单选框、下拉框、勾选框和按钮，如图 11-14 所示。

wxGUI 软件运行之后，接着启动并运行 UISpy 软件，通过 UISpy 来捕捉 wxGUI 软件的信息，如图 11-15 所示。然后通过这些信息将 PyWinAuto 与 wxGUI 进行连接，连接代码如下：

```python
from pywinauto.application import Application
import time
# 实例化 Application 并连接 wxGUI 软件
app = Application(backend='win32')
dlg = app.connect(title_re='Pywinauto*', class_name_re='wxWindowNR*')
# 连接软件的主窗口
dlg_spec = dlg.window(title_re='Pywinauto', class_name='wxWindowNR')
# 输出软件窗口的控件信息
dlg_spec.print_control_identifiers()
# 设置焦点，使其处于活动状态
```

```
dlg_spec.set_focus()
```

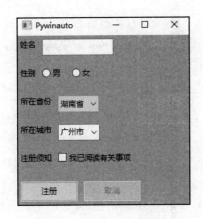

图 11-14　wxGUI 软件界面

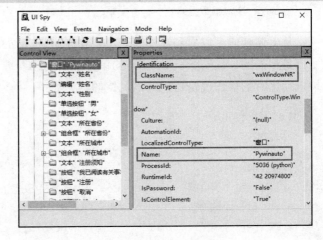

图 11-15　wxGUI 软件信息

运行上述代码，程序就会将 wxGUI 软件的控件信息全部输出，通过这些信息，我们可以对软件里面的控件进行定位和操控。首先讲述文本框的写入和数据读取，在输出信息中找到文本框的信息，如图 11-16 所示。

```
wxWindowNR - 'Pywinauto'      (L362, T476, R646, B775)
['wxWindowNR', 'PywinautowxWindowNR', 'Pywinauto']
child_window(title="Pywinauto", class_name="wxWindowNR")
   |
   | Static - '姓名'      (L375, T512, R399, B530)
   | ['姓名Static', 'Static', '姓名', 'Static0', 'Static1']
   | child_window(title="姓名", class_name="Static")
   |
   | Edit - ''      (L409, T512, R520, B537)
   | ['姓名Edit', 'Edit', 'Edit0', 'Edit1']
   | child_window(class_name="Edit")
```

图 11-16　文本框控件信息

将图 11-16 中的信息与 uia 软件的文本框信息（图 11-11）对比发现，两者的控件信息的展示方式是一致的。我们选取"姓名 Edit"作为文本框的定位元素，文本框的写入和读取方法如下：

```
# 文本框输入数据
dlg_spec['姓名Edit'].type_keys('张三')
dlg_spec.姓名Edit.set_edit_text('小黄')
# 获取文本框数据
print('文本框数据：', dlg_spec.Edit.window_text())
```

```
print('文本框数据: ', dlg_spec.Edit.text_block())
print('文本框数据: ', dlg_spec.Edit.texts())
```

从上述代码可以看到，不管是 uia 软件还是 Win32 软件，两者的文本框写入和读取方法都是相同的。接着分析 wxGUI 的单选框，同样发现 Win32 的单选框与 uia 的单选框在实现自动化时的操作也是相同的，具体的代码如下：

```
# 依次单击单选框
dlg_spec.女 RadioButton.click()
dlg_spec.男 RadioButton.click_input()
# 读取单选框
print('单选框数据: ', dlg_spec.女 RadioButton.texts())
print('单选框数据: ', dlg_spec.男 RadioButton.window_text())
time.sleep(1)
```

对于 Win32 的下拉框来说，它的自动化操控方法与 uia 的有所不同，因为两者实现下拉框功能的底层接口方法不同而导致的，由于底层实现的机制不同，因此实现自动化的代码也会随之不同。从 wxGUI 看到，有两个不同的下拉框，第一个不支持文本编辑，第二个支持文本编辑。不管下拉框是否支持文本编辑，我们都可以使用 select()方法来选取下拉列表的值。两个不同的下拉框自动化代码如下：

```
# 选择下拉框 ComboBox 的数据（所在省份）
# 使用 select()方法，参数是下拉列表的值或索引
dlg_spec.ComboBox.select(2)
dlg_spec.ComboBox.select('广东省')
# 获取下拉框 ComboBox 的数据
print('下拉框 ComboBox 的全部数据: ', dlg_spec.ComboBox.texts())
# 获取当前下拉框所选的数据
print('当前下拉框所选的数据: ', dlg_spec.ComboBox.window_text())
time.sleep(1)

# 选择下拉框 ComboBox 的数据（所在城市）
dlg_spec.ComboBox2.select(2)
# 在下拉框 ComboBox 写入数据
dlg_spec.ComboBox2.Edit2.set_edit_text('珠海市')
# 获取下拉框 ComboBox 的数据
print('下拉框 ComboBox 的全部数据: ', dlg_spec.ComboBox2.texts())
# 获取当前下拉框所选的数据
print('当前下拉框所选的数据: ', dlg_spec.ComboBox2.window_text())
time.sleep(1)
```

最后实现 wxGUI 的勾选框和按钮的单击和读取操作，两个控件也是使用 click()、click_input()和 window_text()、texts()方法实现单击和读取，实现代码如下：

```
# 单击勾选框
dlg_spec.我已阅读有关事项Button.click()
dlg_spec.我已阅读有关事项Button.click_input()
# 读取勾选框数据
print('勾选框数据: ', dlg_spec.我已阅读有关事项Button.window_text())
print('勾选框数据: ', dlg_spec.我已阅读有关事项Button.texts())
time.sleep(1)

# 单击注册按钮
dlg_spec.注册Button.click()
dlg_spec.注册Button.click_input()
# 读取注册按钮数据
print('注册按钮数据: ', dlg_spec.注册Button.window_text())
print('注册按钮数据: ', dlg_spec.注册Button.texts())
time.sleep(1)
```

在单击"注册"按钮的时候，wxGUI 会弹出一个新的提示框窗口，如图 11-17 所示。如果要对这个新窗口进行自动化操控，需要对新窗口进行绑定连接，然后再对新窗口里面的控件进行定位操作。

由于新窗口是独立于 wxGUI 的主程序窗口，所以无法使用 child_window()方法对新窗口进行绑定连接，只能使用 window()方法对新窗口进行绑定连接，然后再对新窗口里的控件进行定位操控，具体代码如下：

图 11-17 提示框窗口

```
# 绑定连接提示框
msg = dlg.window(title_re='注册成功')
# 输出提示框的控件信息
msg.print_control_identifiers()
# 单击"是"按钮
msg['是(&Y)Button'].click()
```

上述代码中，新窗口的"是"按钮在 PyWinAuto 里面的命名带有特殊符号"(&)"，如果使用"."定位方法对控件进行定位则会提示异常信息，所以只能使用"[]"定位方法，这也说明"[]"定位比"."定位更为灵活和全面。

11.6 从源码剖析 PyWinAuto

在前面两节中，分别介绍了 uia 和 Win32 软件的自动化开发。通过这些内容介绍，主要目的是让读者掌握如何使用 PyWinAuto 模块开发 C/S 软件自动化程序，培养 C/S 软件的自动化开发思维。在本节中，我们通过剖析 PyWinAuto 的源码来进一步了解 PyWinAuto。

在 Python 的安装目录下打开 PyWinAuto 的源码文件夹（Lib\site-packages\pywinauto），该文件夹共有 30 个项目，对于 PyWinAuto 的使用者来说，只需关注 5 个项目的源码内容即可，如图 11-19 所示。

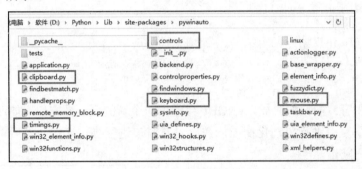

图 11-18　PyWinAuto 源码结构

图 11-18 中展示了 PyWinAuto 所有的源码文件，在开发自动化程序的时候，很多 PyWinAuto 的函数方法都是来自源码的 controls、clipboard.py、keyboard.py、mouse.py 和 timings.py，具体说明如下。

- controls：定义软件中所有控件类及控件的操作方法，这是实现C/S自动化开发的核心代码。
- clipboard.py：控制计算机的剪贴板操作，目前只提供读取剪贴板的数据功能，等同于键盘上的热键Ctrl+V的功能。
- keyboard.py：控制键盘操作，与PyAutoGUI控制键盘的原理一致。
- mouse.py：控制鼠标操作，与PyAutoGUI控制鼠标的原理一致。
- timings.py：时间设置，主要协调程序运行速度与计算机桌面的自动化执行速度，使两者尽量同步进行，防止异常产生。

我们打开 controls 文件夹，可以看到该文件夹中有 7 个 py 文件，除初始化文件 __init__.py 之外，每个文件负责实现不同的功能，具体说明如下。

- hwndwrapper.py：定义控件的基本操作，其中HwndWrapper类封装了许多底层Windows API的功能，大多数控件的自动化操控都是继承HwndWrapper类，而HwndWrapper的父类是BaseWrapper。

- common_controls.py：定义Windows公共控件的类，如工具栏、状态栏及选项卡等，该文件中定义的类大多数继承于hwndwrapper.py的HwndWrapper类。

- menuwrapper.py：定义菜单控件类和自动化操控方法。

- uiawrapper.py：定义uia特有的控件的基础类UIAWrapper，继承于BaseWrapper类。

- uia_controls.py：定义uia特有的控件类及控件操控方法，如下拉框和ListVIEW控件等。文件中所有的类都继承于uiawrapper.py的UIAWrapper类。

- win32_controls.py：定义Win32的控件类及控件操控方法，如下拉框、按钮和ListBox控件等，文件中所有的类都是继承于hwndwrapper.py的HwndWrapper类。

读者如果只看上述说明而不结合文件的源码内容，会难以明白每个文件之间的关系与作用以及所定义的类与方法。在查看源码的时候，无需细致解读每个类及每个方法的实现过程，只需关注每个类继承哪个父类、了解每个类定义了哪些类方法以及一些注释说明即可。

最后关于 clipboard.py、keyboard.py、mouse.py 和 timings.py 的源码解读，每个文件的功能都是以函数的方式实现，在开发自动化程序中，只需直接调用函数并设置相关的函数参数即可。至于每个功能的作用和使用方法，读者可以查看源码的注释说明，每个源码文件的注释说明都是非常清晰易懂。除了源码之外，PyWinAuto 的官方文档也列出了每种不同类型的控件可用方法，在浏览器上访问 https://pywinauto.readthedocs.io/en/latest/controls_overview.html 即可，本书就不再一一讲述。

11.7　实战：自动撰写新闻稿

通过前面的学习，相信读者对 PyWinAuto 已有大致的了解，本节通过实战项目来进一步讲述 PyWinAuto 的使用。本项目中有多份 txt 格式的新闻稿需要转换成 Word 文档，每份新闻稿的内容格式都固定不变。如果这项工作由人工完成，会发现每份新闻稿的转换操作都具有重复性，因此可以使用 PyWinAuto 实现新闻稿的自动撰写。

在编写自动化程序之前，需要深入了解新闻稿从 txt 转换成 Word 文档的具体操作步骤。比如新闻标题的字体大小设置、是否加粗和居中；新闻内容的字体设置、每个段落开头是否缩进等详细的转换要求。本项目中，具体的转换要求如图 11-19 所示。

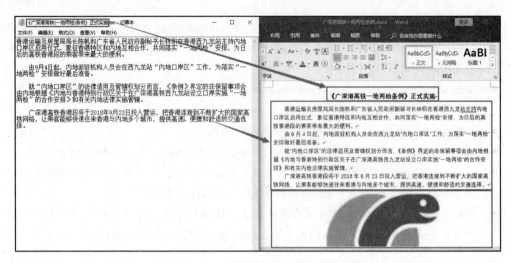

图 11-19　新闻稿格式转换要求

从图上的转换要求分析可得，完整的新闻稿格式转换一共涉及了 6 个操作步骤，具体说明如下：

（1）读取所有 txt 文件的文件路径，用于读取文件内容和提取标题。

（2）使用 PyWinAuto 打开新的 Word 文档，并对该文档绑定连接。

（3）在 Word 文档里，设置标题格式：居中、字体大小为四号并加粗；提取 txt 文件名作为标题内容。

（4）新闻内容的段落是根据 txt 的换行符进行划分，在 Word 文档里，设置新闻内容的格式并读取 txt 文件内容；在写入 Word 文档时，每个段落的开头需要 tab 缩进。

（5）在新闻内容下方插入一张图片，图片位置居中处理。

（6）将新闻稿另存为 Word 文档，文件名使用默认值，文件保存路径选择在计算机的桌面上。

根据上述分析，可根据操作步骤来实现相应的功能代码。首先读取所有 txt 文件的文件路径，我们把这个功能封装在一个 file_name 函数中，函数的代码如下：

```python
import os
# 获取文件夹的所有 txt 文件路径
def file_name(file_dir):
    temp = []
    for root, dirs, files in os.walk(file_dir):
        for file in files:
            if os.path.splitext(file)[1] == '.txt':
```

```
            temp.append(os.path.join(root, file))
    return temp
file_path = r'C:\Users\000\Desktop\article'
file_list = file_name(file_path)
```

函数 file_name 只需传入目标文件夹的路径即可获取目标文件夹下所有 txt 的文件路径，并且将这些文件路径以列表的形式返回。整个函数的功能都是由 Python 的标准库 os 实现的，标准库 os 提供了非常丰富的方法用来处理文件和目录。

下一个操作流程是使用 PyWinAuto 打开新的 Word 文档，并对 Word 文件绑定连接。本书的 Word 版本是 2016，计算机是 Win10 64 位的操作系统，打开并查看 Word 的属性，如图 11-20 所示。

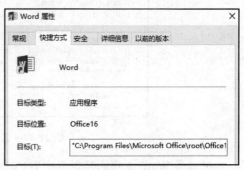

在使用 PyWinAuto 编写自动化代码之前，首先须分析 Word 的软件类型，使用 Inspect 和 UISpy 进行检测，发现它是属于 uia 类型的软件。然后使用 PyWinAuto 的 start()方法创建一个新的 Word 文档，再由 window()方法将文档进行绑定与连接，Word 文档界面如图 11-21 所示。

图 11-20　Word 软件属性

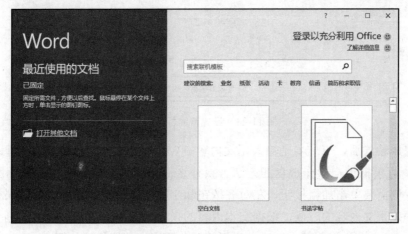

图 11-21　Word 文档界面

在 Word 文档界面中，只要单击"空白文档"就会进入文档的编辑界面。PyWinAuto 实现这个单击过程需要定位"空白文档"的控件命名，控件命名可以通过 print_control_identifiers()方法获取，最后在这些信息中找到"空白文档"的命名，如图 11-22 所示。综合分析，整个操作流程的代码如下所示：

```
word_path = r"C:\Program Files\Microsoft Office\root\Office16\WINWORD.EXE"
app = Application(backend='uia').start(word_path)
# 绑定连接 Word 窗口
dlg_spec = app.window(class_name='OpusApp')
dlg_spec.print_control_identifiers()
# 单击打开空白文档
dlg_spec.空白文档 ListItem.click_input()
```

```
child_window(title="发送愁眉苦脸", control_type="Button")

ListBox - '特别推荐'        (L363, T565, R965, B4217)
['特别推荐ListBox', '特别推荐', 'ListBox2']
child_window(title="特别推荐", control_type="List")

    ┌─────────────────────────────────────────────────────────────────────────┐
    │ ListItem - '空白文档'        (L364, T566, R586, B818)                      │
    │ ['空白文档', 'ListItem5', '空白文档ListItem']                              │
    │ child_window(title="空白文档", auto_id="AIOStartDocument", control_type="ListItem")│
    └─────────────────────────────────────────────────────────────────────────┘

    ListItem - '书法字帖'        (L590, T566, R812, B818)
    ['书法字帖ListItem', '书法字帖', 'ListItem6']
    child_window(title="书法字帖", auto_id="AIOStartDocument", control_type="ListItem")
```

图 11-22　查找"空白文档"的命名

进入了 Word 文档的编辑界面后，在 Word 的功能区分别单击加粗按钮、居中按钮和字体增大按钮，并且提取 txt 文件名输入到 Word 文档，作为该文档的标题，如图 11-23 所示。

图 11-23　设置新闻标题格式

标题完成输入后，下一步是输入正文内容。Word 文档换行只要按回车键即可实现，PyWinAuto 有模拟用户操作键盘的方法。换行之后，新的空白行还保留着标题的格式设置，因此我们需要单击加粗按钮、左对齐按钮和字体缩小按钮，这样可以取消标题的格式设置。在输入正文内容的时候，根据文本内容的换行符来划分段落，段落的划分可以使用字符串的 split()方法实现。综上所述，新闻稿自动撰写的功能代码如下：

```
# 撰写新闻标题，并设置格式
dlg_spec.加粗.click_input()
dlg_spec.增大字号.click_input(double=True)
dlg_spec.居中.click_input()
title = i.split('\\')[-1].split('.')[0]
```

```
dlg_spec.Edit.type_keys(title)
time.sleep(0.2)

# 换行并设置正文内容格式
SendKeys('{ENTER}')
dlg_spec.加粗.click_input()
time.sleep(1)
dlg_spec.缩小字号.click_input(double=True)
time.sleep(1)
dlg_spec.左对齐.click_input()
# 输入新闻内容
f = open(file_name, 'r')
text = f.read()
f.close()
for k in text.split('\n'):
    # 判断内容是否为空
    if k.strip():
        SendKeys('{TAB}')
        dlg_spec.Edit.type_keys(k.strip())
        SendKeys('{ENTER}')
        time.sleep(0.2)
```

下面讲述 PyWinAuto 实现图片插入功能，在 Word 文档中插入图片的操作步骤：单击"居中"按钮→单击"插入"选项卡→单击"图片"按钮→输入图片的路径→单击"插入"按钮。整个步骤都以按钮单击为主，在单击"图片"按钮的时候，Word 会弹出一个子窗口"插入图片对话框"，对于子窗口可以使用 child_window()实现绑定与连接。具体的功能代码如下：

```
# 插入图片
dlg_spec.居中.click_input()
dlg_spec.插入.click_input()
# 重新捕捉软件控件信息
# dlg_spec.print_control_identifiers()
dlg_spec['图片...Button'].click_input()
# 进入图片对话框
fileDialog = dlg_spec.child_window(title='插入图片')
# 查看子窗口控件信息
# fileDialog.print_control_identifiers()
# 设置等待时间，等待文件选择框出现
fileDialog.wait('enabled', timeout=300)
```

```
# 判断文件选择框是否出现
if fileDialog.is_enabled():
    pic_path = r'C:\Users\000\Desktop\article\logo.jpg'
    fileDialog.Edit.set_edit_text(pic_path)
    fileDialog.SplitButton2.click_input()
```

上述代码中，使用"图片...Button"来定位图片按钮，当单击"插入"选项卡的时候，Word 的功能区会发生变化，这是因为每个选项卡都有自己的特定功能，只要软件的控件发生变化，PyWinAuto 都会对软件控件进行重新捕捉。

举个例子，比如单击"开始"选项卡的时候，PyWinAuto 捕捉的"开始"选项卡下面的加粗按钮和居中按钮等控件信息，但无法捕捉"插入"选项卡的图片按钮，只有单击"插入"选项卡，Word 界面发生变化，PyWinAuto 会对软件的控件进行重新捕捉。

代码中还使用 wait()和 is_enabled()方法。wait()是等待子窗口"插入图片对话框"的出现，参数 timeout 是等待时间；is_enabled()是判断子窗口"插入图片对话框"是否处于可编辑状态，返回结果是 True 或 False。

最后一步是实现文件的保存，文件保存通过单击"文件"选项卡→单击"另存为"→单击"桌面"→单击"保存"。具体的操作过程如图 11-24 所示，相应的功能代码如下所示：

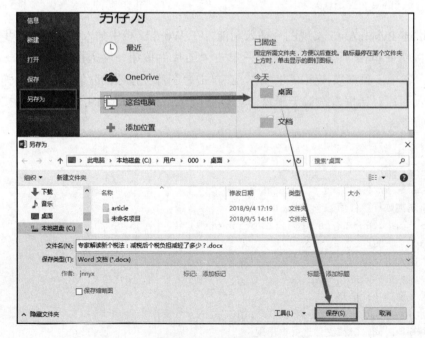

图 11-24　文档另存为

```
# 文件另存为
dlg_spec['"文件"选项卡 Button'].click_input()
# 查看窗口控件变化情况
# dlg_spec.print_control_identifiers()
dlg_spec.另存为 ListItem.click_input()
dlg_spec.桌面 ListItem.click_input()
dlg_spec['保存(S)Button'].click_input()
# 关闭 Word 文档
dlg_spec.关闭 Button3.click_input()
```

上述全部代码只是实现了单个 txt 文件转换为 Word 文档，若存在多个 txt 文件需要转换，只需在上述代码中添加一个循环即可实现。读者在运行代码的时候，记得将代码中的一些文件路径改为自己计算机的路径信息。至此，整个项目的完整代码如下所示：

```
from pywinauto.application import Application
from pywinauto.keyboard import SendKeys
import time
import os
# 获取文件夹的所有 txt 文件路径
def file_name(file_dir):
    temp = []
    for root, dirs, files in os.walk(file_dir):
        for file in files:
            if os.path.splitext(file)[1] == '.txt':
                temp.append(os.path.join(root, file))
    return temp
file_path = r'C:\Users\000\Desktop\article'
file_list = file_name(file_path)

for i in file_list:
    word_path = r"C:\Program Files\Microsoft Office\root\Office16\
WINWORD.EXE"
    app = Application(backend='uia').start(word_path)
    # 绑定连接 Word 窗口
    dlg_spec = app.window(class_name='OpusApp')
    # dlg_spec.print_control_identifiers()
    # 单击打开空白文档
    dlg_spec.空白文档 ListItem.click_input()

    # 撰写新闻标题，并设置格式
```

```
dlg_spec.加粗.click_input()
# 设置双击
dlg_spec.增大字号.click_input(double=True)
dlg_spec.居中.click_input()
title = i.split('\\')[-1].split('.')[0]
dlg_spec.Edit.type_keys(title)
time.sleep(0.2)

# 换行并设置正文内容格式
SendKeys('{ENTER}')
dlg_spec.加粗.click_input()
time.sleep(1)
# 设置双击
dlg_spec.缩小字号.click_input(double=True)
time.sleep(1)
dlg_spec.左对齐.click_input()
# 输入正文内容
f = open(i, 'r')
text = f.read()
f.close()
for k in text.split('\n'):
    # 判断内容是否为空
    if k.strip():
        SendKeys('{TAB}')
        dlg_spec.Edit.type_keys(k.strip())
        SendKeys('{ENTER}')
        time.sleep(0.2)

# 插入图片
dlg_spec.居中.click_input()
dlg_spec.插入.click_input()
# 重新捕捉软件控件信息
# dlg_spec.print_control_identifiers()
dlg_spec['图片...Button'].click_input()
# 进入图片对话框
fileDialog = dlg_spec.child_window(title='插入图片')
# 查看子窗口控件信息
# fileDialog.print_control_identifiers()
# 设置等待时间，等待文件选择框出现
fileDialog.wait('enabled', timeout=300)
```

```
# 判断文件选择框是否出现
if fileDialog.is_enabled():
    pic_path = r'C:\Users\000\Desktop\article\logo.jpg'
    fileDialog.Edit.set_edit_text(pic_path)
    fileDialog.SplitButton2.click_input()


# 文件另存为
dlg_spec[''"文件"选项卡 Button'].click_input()
# 查看窗口控件变化情况
# dlg_spec.print_control_identifiers()
dlg_spec.另存为 ListItem.click_input()
dlg_spec.桌面 ListItem.click_input()
dlg_spec['保存(S)Button'].click_input()
# 关闭 Word 文档
dlg_spec.关闭 Button3.click_input()
```

11.8　本章小结

　　PyWinAuto 将 Windows 的 GUI 分为 Win32 和 uia 两种情形，这是由于 Microsoft 平台开发的 C/S 应用程序底层原理不同的原因，两者的实现原理分别基于 Win32 API 和 MS UI，这也是 Microsoft 平台应用程序的底层接口。Win32 支持 MFC、VB6、VCL、简单的 WinForms 控件和大多数旧的应用程序；uia 则支持 WinForms、WPF 和 Qt5 等。

　　使用 PyWinAuto 模块开发 C/S 软件自动化程序的实现过程如下：

　　（1）了解开发需求，掌握软件操作顺序，比如从哪儿开始、单击的顺序、文本输入内容等详细的需求说明。

　　（2）确定软件类型—— 通过辅助工具分析软件及控件信息。

　　（3）根据软件类型进行 Application 类实例化，连接目标软件的主窗口并输出软件的控件信息。

　　（4）从输出的控件信息查找控件命名，通过这些命名定位目标控件，可以使用 "." 定位或者使用 "[]" 定位。

　　（5）控件定位后，对控件使用相应的操控方法，比如单击、文本输入、双击以及勾选操作等。

在 PyWinAuto 的源码文件中，自动化操控方法都来自源码的 controls、clipboard.py、keyboard.py、mouse.py 和 timings.py，具体说明如下。

- controls：定义软件中的所有控件类及控件的操作方法，这是实现C/S自动化开发的核心代码。
- clipboard.py：控制计算机的剪贴板操作，目前只提供读取剪贴板的数据功能，等同键盘热键Ctrl+V的功能。
- keyboard.py：控制键盘操作，与PyAutoGUI控制键盘的原理一致。
- mouse.py：控制鼠标操作，与PyAutoGUI控制鼠标的原理一致。
- timings.py：时间设置，主要协调程序运行速度与计算机桌面的自动化执行速度，使两者尽量同步进行，防止异常产生。

第 12 章

图像识别与定位

本章讲述人工智能的计算机视觉领域——利用 OpenCV 实现图像识别与定位。由于 PyAutoGUI 是通过图像的简单识别进行定位，为了提高图像识别的准确率，将 OpenCV 与 PyAutoGUI 相互结合使用，可以提高系统自动化的稳定性。

12.1　OpenCV 概述及安装

人工智能（Artificial Intelligence），英文缩写为 AI。它是研究开发用于模拟、延伸和扩展人的智能的理论、方法、技术及应用系统的一门新的学科，研究的领域包括机器人、语言识别、图像识别和自然语言处理等。

本章主要讲述人工智能的图像识别技术，这门技术也称为计算机视觉，我们利用这个技术来识别计算机里面的某个图标所在的位置，从而实现自动化开发。计算机视觉比 PyAutoGUI 的图像识别更智能，前者可以在不同分辨率中实现目标识别，而后者只能在同一分辨率中实现目标识别。

OpenCV 是一个基于 BSD 许可（开源）发行的跨平台计算机视觉库，可以运行在 Linux、Windows、Android 和 Mac OS 操作系统上。它是由一系列的 C 函数和少量 C++类构成，同时提供 Python、Ruby、Matlab 等语言的接口，实现了图像处理和计算机视觉方面的很多通用算法。

OpenCV 的主要应用领域有人机互动、物体识别、图像分割、人脸识别、动作识别、运动跟踪、机器人、运动分析、机器视觉、结构分析和汽车安全驾驶。每个应用领域都涉及多种算法及复杂的计算，而本章实现的图像识别功能，主要使用 OpenCV 的图像特征检测算法与图像匹配算法。

特征检测是计算机对一张图像中最为明显的特征进行识别检测并将其勾画出来，大多数特征检测都会涉及图像的角点、边和斑点识别或者对称轴。图像特征检测算法主要有角点检测、SIFT 检测、SURF 检测和 ORB 检测。

图像匹配是通过对两张或以上的图像内容、特征、结构、关系、纹理及灰度等对应关系的相似性和一致性进行分析，找出图像之间相似的位置。图像匹配算法主要有暴力匹配和 FLANN 匹配。

在讲述 OpenCV 的图像特征检测算法与图像匹配算法之前，需要安装 OpenCV 库。Python 的 OpenCV 库分为 opencv-python 和 opencv-contrib-python，后者是在前者的基础上进行了功能扩展，而图像识别中的特征点检测和匹配在 opencv-contrib-python 库里，因此下一步讲述 opencv-contrib-python 的安装过程。

opencv-contrib-python 的安装可以使用 pip 指令完成。目前 opencv-contrib-python 的最新版本为 3.4.3.18，但新版本在使用特征点检测算法的时候会提示异常信息，这应该是新版本的 bug，只能等待官方修复，而旧版本不存在这个问题。因此本书以旧版本 3.4.2.17 为例，安装指令如下：

```
pip install opencv-contrib-python==3.4.2.17
```

如果因网络过慢，导致 pip 在线安装失败，可以下载 whl 文件，然后在终端使用 pip 指令安装 whl 文件，通过浏览器访问 https://pypi.org/project/opencv-contrib-python/3.4.2.17/#files，找到与 Python 版本相对应的 whl 文件。本书以计算机 64 位、Python3.7 为例，那么 opencv-contrib-python 的 whl 文件为 opencv_contrib_python-3.4.2.17-cp37-cp37m-win_amd64.whl。文件下载后，首先打开 CMD 窗口，然后访问 whl 文件的路径，最后输入 pip 安装指令，具体安装过程如下：

```
# 访问 whl 文件的路径
C:\Users\000>cd C:\Users\000\Downloads
# pip 安装指令
C:\Users\000\Downloads>pip install opencv_contrib_python-3.4.2.17-cp37
-cp37m-win_amd64.whl
```

完成 opencv-contrib-python 的安装后，在 CMD 窗口上进入 Python 的交互模式来验证是否安装成功，具体的验证方法如下：

```
C:\Users\000>python
>>> import cv2
>>> cv2.__version__
'3.4.2'
```

12.2　图像特征点检测算法

OpenCV 的图像特征点检测算法主要有角点检测、SIFT 检测、SURF 检测和 ORB 检测。而角点检测在图像识别的作用不大，本书不做详细介绍。我们重点介绍 SIFT 检测、SURF 检测和 ORB 检测的使用，至于检测算法涉及到的高等数学原理，本书也不做详细介绍，有兴趣的读者可以自行网上查阅相关资料。

SIFT 的全称是（Scale Invariant Feature Transform）尺度不变特征变换，由加拿大教授 David G.Lowe 提出。SIFT 特征对旋转、尺度缩放、亮度变化等保持不变性，是一种非常稳定的局部特征，它具有以下特点：

（1）图像的局部特征，对旋转、尺度缩放、亮度变化保持不变，对视角变化、仿射变换、噪声也保持一定程度的稳定性。

（2）独特性好，信息量丰富，适用于海量特征库进行快速、准确的匹配。

（3）多量性，即使是很少几个物体也可以产生大量的 SIFT 特征。

（4）高速性，经优化的 SIFT 匹配算法甚至可以达到实时性。

（5）扩展性，可以很方便地与其他的特征向量进行联合。

根据 SIFT 的特点描述，可能有些读者很难理解其具体意思，简单地用一句话总结，图像好比一个人，每个人都有自己的特征，我们可以通过人的特征识别区分每个人；图像也是如此，SIFT 算法就是把图像的特征检测出来，通过这些特征可以在众多的图片中找到相应的图片。下面讲述 SIFT 算法的使用，以某图片为例，具体代码如下：

```
import cv2
# 读取图片
img = cv2.imread('logo.png')
# 定义 SIFT 对象
sift = cv2.xfeatures2d.SIFT_create()
# 检测关键点并计算描述符
# 描述符是对关键点的描述，可用于图片匹配
keypoints, descriptor = sift.detectAndCompute(img, None)
```

```
# 将关键点勾画到图片上
flags = cv2.DRAW_MATCHES_FLAGS_DEFAULT
color = (0, 255, 0)
img = cv2.drawKeypoints(image=img, outImage=img,
keypoints=keypoints, flags=flags, color=color)

# 显示图片
cv2.imshow('sift_keypoints', img)
cv2.waitKey()
```

上述代码按照功能的不同来进行划分：图片的 SIFT 特征检测、在图片上勾画关键点及图片显示。详细的说明如下。

1. 图片的SIFT特征检测

首先使用 OpenCV 读取图片并生成 img 对象，然后定义 sift 对象，再从 sift 对象中调用 detectAndCompute() 方法计算 img 对象的关键点和描述符。

关键点是图片特征点所在的位置，不同图片的关键点各不相同。描述符是以多维度的数组来描述图像的关键点，每一个描述符对应一个关键点，而多维度数组的生成是由 Python 的 numpy 库实现。

2. 在图片上勾画关键点

在图片上勾画关键点，可以更好地展示 SIFT 算法行迹，这个勾画过程是由 OpenCV 的 drawKeypoints() 方法实现的，该方法的参数说明如下：

（1）参数 image 代表原始图片。

（2）参数 outImage 是指输出在哪张图片上。

（3）参数 keypoints 代表图片的关键点。

（4）参数 flags 是关键点的勾画方式，上述代码使用默认参数，即对关键点所在的位置画出了圆的中心点，如果用 cv2.DRAW_MATCHES_FLAGS_DRAW_RICH_KEYPOINTS，则以另一种方式勾画出来。

（5）参数 color 代表勾画的色彩模式，以 Python 的元组表示，元组的元素依次代表 RGB 颜色通道。

3. 图像显示

由 OpenCV 的 imshow() 和 waitKey() 方法实现，两个方法必须同时使用，如果只使用 imshow() 方法，程序在运行过程中，图片只会一闪而过；imshow() 的参数分别代表图片窗口的命名和图片对象。上述代码的运行结果如图 12-1 所示。

由于 SIFT 的实时性较差，并且对于边缘光滑目标的特征点检测能力较弱，因此 David Lowe 在 1999 年提出了 SURF 算法，这是对 SIFT 算法的改进，提升了算法的执行效率。与 SIFT 算法一样，SURF 算法可以分为三大部分：局部特征点的检测、特征点的描述和特征点的匹配。

图 12-1　SIFT 特征检测

OpenCV 的 SURF 与 SIFT 的使用方法十分相似，以上述代码为例，把代码的 SIFT 算法改为 SURF 算法：

```python
import cv2
# 读取图片
img = cv2.imread('logo.png')
# 定义 SURF 对象，参数 float(1000) 为阈值，阈值越高，识别的特征越小。
surf = cv2.xfeatures2d.SURF_create(float(1000))
# 检测关键点并计算描述符
# 描述符是对关键点的描述，可用于图片匹配
keypoints, descriptor = surf.detectAndCompute(img, None)

# 将关键点勾画到图片上
flags = cv2.DRAW_MATCHES_FLAGS_DEFAULT
color = (0, 255, 0)
img = cv2.drawKeypoints(image=img, outImage=img,
keypoints=keypoints, flags=flags, color=color)

# 显示图片
cv2.imshow('surf_keypoints', img)
cv2.waitKey()
```

从 SIFT 算法代码与上述代码对比发现，上述代码将 SIFT 对象改为 SURF 对象，参数 float(1000) 是设置 SURF 的阈值，阈值越高，检测图像的特征点越小。代码运行结果如图 12-2 所示。

对比 SURF 和 SIFT 算法，ORB 算法才处于起步阶段，其于 2011 年首次发布，但它比前两者的速度更快。ORB 采用 FAST（features from accelerated segment test）算法来检测特征点。FAST 的核心思想是找出那些卓尔不群的点，即每一个点跟它周围的点比较，如果它和其中大部分的点都不一样就可以认为它是一个特征点。ORB 的使用方法与 SIFT 的使用也是非常相似的，具体的代码如下所示，运行结果如图 12-3 所示。

图 12-2　SURF 特征检测

图 12-3　ORB 特征检测

```python
import cv2
# 读取图片
img = cv2.imread('logo.png')
# 定义 ORB 对象
orb = cv2.ORB_create()
# 检测关键点并计算描述符
# 描述符是对关键点的描述，可用于图片匹配
keypoints, descriptor = orb.detectAndCompute(img, None)

# 将关键点勾画到图片上
flags = cv2.DRAW_MATCHES_FLAGS_DEFAULT
color = (0, 255, 0)
img = cv2.drawKeypoints(image=img, outImage=img,
keypoints=keypoints, flags=flags, color=color)

# 显示图片
cv2.imshow('orb_keypoints', img)
cv2.waitKey()
```

从上面的三个例子可以看到，不管图像特征检测算法是 SURF、SIFT 还是 ORB，三者的使用方式都是相似的。图像特征检测结果是以变量 keypoints 和 descriptor 表示，keypoints 代表图片特征关键点的坐标，也是图片里的某些像素点的坐标，并且这些像素点是这张图

片最为突出的特征点。descriptor 是关键点的描述符，以多维度的数组来描述一个关键点，多维度数组由 Python 的 numpy 库生成，描述符主要实现图像之间的匹配。

12.3　图像匹配与定位

　　在上一节中，我们讲述了 SURF、SIFT 和 ORB 算法的图像特征检测，检测结果以变量 keypoints 和 descriptor 表示。在本节中，利用图像特征的 keypoints 和 descriptor 来实现图像的匹配与定位。图像匹配算法主要有暴力匹配和 FLANN 匹配，而图像定位是通过图像匹配结果来反向查询它们在目标图片中的具体坐标位置。

　　以 QQ 登录界面为例，将整个 QQ 登录界面保存为 QQ.png 文件，QQ 登录界面是在计算机的 1920×1080 分辨率下截图保存的；再把计算机的分辨率改为 1280×1024，将 QQ 登录界面的用户头像保存并对图像进行旋转处理，最后保存为 portrait.png 文件。两个图片文件如图 12-4 所示。

图 12-4　QQ.png（左图）portrait.png（右图）

　　两张图片文件的像素分辨率和图像位置都发生了变化，如果要通过 portrait.png 去匹配定位它在 QQ.png 所在的坐标位置，自动化工具 PyAutoGUI 肯定是无法实现的。若想解决这种复杂的图像识别问题，只能使用计算机视觉技术。在 OpenCV 里面，QQ.png 称为目标图像，portrait.png 称为训练图像。具体的实现过程如下：

　　（1）分别对两张图片的图像进行特征检测，图像特征检测算法有 SURF、SIFT 和 ORB，两张图片必须使用同一种特征检测算法。

　　（2）根据两张图片的特征描述符（即变量 descriptor）进行匹配，匹配算法有暴力匹配和 FLANN 匹配，不同的匹配算法所产生的匹配结果存在一定的差异。

（3）对两张图片的匹配结果进行数据清洗，去除一些错误匹配。错误匹配是由于在图片不同区域内出现多处相似的特征而导致的。

（4）在匹配结果里抽取中位数，利用中位数来反向查询它在目标图片所对应像素点的坐标位置，这个坐标位置也是自动化开发中使用的图片定位坐标。

我们根据这 4 个过程所实现的功能来编写相应的代码，代码的图像特征检测选择 SIFT 算法、图像匹配算法选择 FLANN 算法，具体代码如下：

```python
import cv2
""" 实现过程 1 """
img1 = cv2.imread('QQ.png')
img2 = cv2.imread('portrait.png')
# 使用 SIFT 算法获取图像特征的关键点和描述符
sift = cv2.xfeatures2d.SIFT_create()
kp1, des1 = sift.detectAndCompute(img1, None)
kp2, des2 = sift.detectAndCompute(img2, None)


""" 实现过程 2 """
# 定义 FLANN 匹配器
indexParams = dict(algorithm=0, trees=10)
searchParams = dict(checks=50)
flann = cv2.FlannBasedMatcher(indexParams, searchParams)
# 使用 KNN 算法实现图像匹配，并对匹配结果排序
matches = flann.knnMatch(des1, des2, k=2)
matches = sorted(matches, key=lambda x: x[0].distance)


""" 实现过程 3 """
# 去除错误匹配，0.5 是系数，系数大小不同，匹配的结果也不同
goodMatches = []
for m, n in matches:
    if m.distance < 0.5 * n.distance:
        goodMatches.append(m)


""" 实现过程 4 """
# 获取某个点的坐标位置
# index 是获取匹配结果的中位数
index = int(len(goodMatches)/2)
# queryIdx 是目标图像的描述符索引
x, y = kp1[goodMatches[index].queryIdx].pt
# 将坐标位置勾画在 QQ.png 图片并显示图片
```

```
cv2.rectangle(img1, (int(x), int(y)), (int(x) + 5,
int(y) + 5), (0, 255, 0), 2)
cv2.imshow('QQ', img1)
cv2.waitKey()
```

上述代码演示了 SIFT 算法和 FLANN 算法的使用，图像匹配与定位离不开这些算法的支持。在 OpenCV 中使用 FLANN 算法需要创建 FLANN 匹配器对象，由 FlannBasedMatcher()实现，该方法的参数说明如下：

（1）参数 indexParams 设置指定使用的算法及配置。如果使用 SURF 和 SIFT 算法，参数值可以按照上述配置使用；如果使用 ORB 算法，参数值应改为 dict(algorithm=6, table_number=6, key_size=12, multi_probe_level=2)。

（2）参数 searchParams 设置索引树被遍历的次数，参数值越高，匹配结果越准确，但是消耗的时间也越多。

创建 FLANN 匹配器对象后，在该对象中调用 knnMatch()方法即可进行图像匹配，匹配结果以列表的形式表示。使用 sorted()函数对匹配结果进行排序处理，排序条件根据匹配结果的目标图像的 distance 属性值大小进行升序排列，distance 代表描述符之间的距离，距离越低，说明特征越相似。

接着对排序后的匹配结果进行数据清洗。由于每一条匹配数据包含了两张图片的图像信息，因此数据清洗是根据两张图片的 distance 属性值进行计算并排查是否匹配错误。

在清洗后的匹配结果中提取中位数，因为匹配结果已经过排序和清洗，取中位数可以确保这条数据一定出现在图像匹配的中心位置。我们将中位数的坐标位置展示在目标图像 QQ.png 中，运行上述代码可以看到企鹅的嘴巴出现了一个圆点，如图 12-5 所示。

此外还可以将上述代码的图像特征检测算法改为 SURF 算法或 ORB 算法，以下只列出算法修改的部分代码，如果需要完整的代码可以在源码文件里查看，修改代码如下：

图 12-5　图像识别与定位

```
# 源码文件 SURF+FLANN.py
# 在上述代码中""" 实现过程 1 """的 SIFT 改为 SURF
# 使用 SURF 算法获取图像特征的关键点和描述符
surf = cv2.xfeatures2d.SURF_create(float(4000))
```

```
kp1, des1 = surf.detectAndCompute(img1, None)
kp2, des2 = surf.detectAndCompute(img2, None)


# 源码文件 ORB+FLANN.py
# 在上述代码中""" 实现过程 1 """的 SIFT 改为 ORB
# 使用 ORB 算法获取图像特征的关键点和描述符
orb = cv2.ORB_create()
kp1, des1 = orb.detectAndCompute(img1, None)
kp2, des2 = orb.detectAndCompute(img2, None)
# 在上述代码中""" 实现过程 2 """的代码全改为以下代码
# 定义 FLANN 匹配器
indexParams = dict(algorithm=6, table_number=6,
key_size=12, multi_probe_level=2)
searchParams = dict(checks=100)
flann = cv2.FlannBasedMatcher(indexParams, searchParams)
# 使用 KNN 算法实现图像匹配，并对匹配结果排序
matches = flann.knnMatch(des1, des2, k=2)
# 清洗匹配结果
matches_temp = []
for i in matches:
    if len(i) == 2:
        matches_temp.append(i)
matches = sorted(matches_temp, key=lambda x: x[0].distance)
```

　　不同的图像特征检测算法与 FLANN 算法结合使用会产生不同的匹配结果，造成图像定位的坐标位置出现差异，但只要这个坐标在合理的范围内都是允许的。运行源码文件 ORB + FLANN.py 和 SURF+FLANN.py，结果如图 12-6 所示。

图 12-6　SURF+FLANN（左）ORB+FLANN（右）

除了使用 FLANN 算法匹配之外，还可以使用暴力匹配与特征检测算法实现图像的识别与定位。以上述例子为例，将其匹配算法改为暴力匹配，具体代码如下：

```
import cv2
""" 实现过程 1 """
img1 = cv2.imread('QQ.png')
img2 = cv2.imread('portrait.png')
# 使用 SIFT 算法获取图像特征的关键点和描述符
sift = cv2.xfeatures2d.SIFT_create()
kp1, des1 = sift.detectAndCompute(img1, None)
kp2, des2 = sift.detectAndCompute(img2, None)


""" 实现过程 2 """
# 定义暴力匹配器
# BFMatcher 参数：
# normType: NORM_L1, NORM_L2, NORM_HAMMING, NORM_HAMMING2。
# NORM_L1 和 NORM_L2 用于 SIFT 和 SURF 算法
# NORM_HAMMING 和 NORM_HAMMING2 用于 ORB 算法
bf = cv2.BFMatcher(normType=cv2.NORM_L1, crossCheck=True)
# 使用暴力算法实现图像匹配，并对匹配结果排序
matches = bf.match(des1, des2)
matches = sorted(matches, key=lambda x: x.distance)


""" 实现过程 3 """
# 获取某个点的坐标位置
index = int(len(matches)/2)
x, y = kp1[matches[index].queryIdx].pt
# 将坐标位置勾画在 QQ.png 图片并显示图片
cv2.rectangle(img1, (int(x), int(y)), (int(x) + 5,
int(y) + 5), (0, 255, 0), 2)
cv2.imshow('QQ', img1)
cv2.waitKey()
```

暴力匹配分别遍历两个图像的描述符，确定训练图像的描述符是否在目标图像中找到与之对应的描述符，它由 OpenCV 的 BFMatcher()创建匹配对象 bf，再由 bf 对象调用 match()方法实现图像的匹配。

BFMatcher()有两个参数设置，分别是 normType 和 crossCheck。参数 normType 有 4 个参数值，其中 NORM_L1 和 NORM_L2 用于 SIFT 和 SURF 算法，NORM_HAMMING 和 NORM_HAMMING2 用于 ORB 算法。参数 crossCheck 的参数值为布尔型，即 True 和

False；当为 True 时，暴力匹配就会寻找最合适
的匹配点，若为 False，则寻找邻近的匹配点；
一般情况下，参数值默认使用 True。

　　match()方法实现图像识别与匹配，它与
FLANN 的 knnMatch()有着明显的差异。当匹配
结果进行排序时，可以发现不同的匹配方法设
置参数 key 的表达式各不相同，而且暴力匹配
的匹配结果无需进行数据清洗，这些差异都是
因为匹配结果的不同而造成的。想要了解两者
的差异，可以在 PyCharm 上运行 debug 模式查
看它们的数据格式。上述代码的运行结果如图
12-7 所示。

图 12-7　图像识别与定位

　　暴力匹配还可以与 SURF 算法或 ORB 算法结合使用，使用方式与 SIFT 算法大同小异。
以上述的例子为例，将其改为 SURF 算法或 ORB 算法，本书只列出部分修改的代码，如果
需要完整的代码可以在源码文件里查看，修改代码如下：

```python
# 源码文件 SURF+暴力.py
# 在上述代码中""" 实现过程 1 """的 SIFT 改为 SURF
# 使用 SURF 算法获取图像特征的关键点和描述符
surf = cv2.xfeatures2d.SURF_create(float(4000))
kp1, des1 = surf.detectAndCompute(img1, None)
kp2, des2 = surf.detectAndCompute(img2, None)


# 源码文件 ORB+暴力.py
# 在上述代码中""" 实现过程 1 """的 SIFT 改为 ORB
# 使用 ORB 算法获取图像特征的关键点和描述符
orb = cv2.ORB_create()
kp1, des1 = orb.detectAndCompute(img1, None)
kp2, des2 = orb.detectAndCompute(img2, None)
# 在上述代码中""" 实现过程 2 """的定义匹配对象 bf 改为
bf = cv2.BFMatcher(normType=cv2.NORM_HAMMING, crossCheck=True)
```

　　不同的图像特征检测算法与同一匹配算法结合使用都会产生不同的匹配结果，运行源
码文件 SURF+暴力.py 和 ORB+暴力.py，运行结果如图 12-8 所示。

图 12-8　SURF+暴力（左）ORB+暴力（右）

12.4　实战：自动打印 PDF 文件

通过本章的学习，我们掌握了如何使用 OpenCV 来实现图像识别与定位。在自动化程序开发中，图像识别与定位为自动化程序提供了一双看得见的眼睛，正是因为有了这双眼睛，程序才能有目的地执行相关的操作。本章的实战项目是实现自动打印 PDF 文件，在项目中使用 OpenCV 实现图像识别与定位，它为自动化程序提供视觉功能，而自动化操作仍需要依赖 PyAutoGUI 实现。

由于自动化程序是为了解决计算机重复性的操作，因此本项目必然有多个 PDF 文件，而且每个文件的打印操作都是相同的。我们将所有 PDF 文件都放在一个名为 PDF 的文件夹中，如图 12-9 所示。

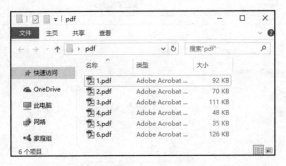

图 12-9　文件信息

若想要打印上述 PDF 文件，需要借助 PDF 阅读器来完成整个打印过程。本书以 Adobe Reader XI 为例，在计算机上运行 Adobe Reader XI 软件，软件界面如图 12-10 所示。

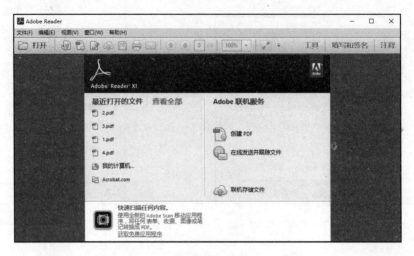

图 12-10　Adobe Reader XI 软件界面

在图 12-10 的左上方单击"打开"按钮就会进入文件界面，在该界面上选择并单击"我的电脑"，软件界面出现一个"浏览"按钮，单击"浏览"按钮会弹出一个新的文件窗口。如图 12-11 所示。

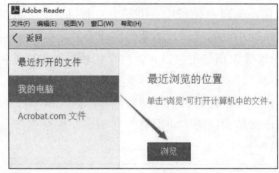

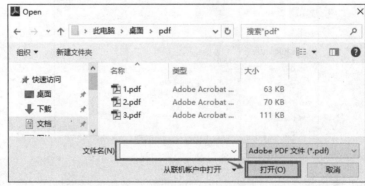

图 12-11　文件界面（上）文件窗口（下）

　　在文件窗口的文本输入框里输入 PDF 文件路径并单击"打开(O)"按钮，软件就会关闭文件窗口并将文件内容显示在软件上。如图 12-12 所示。

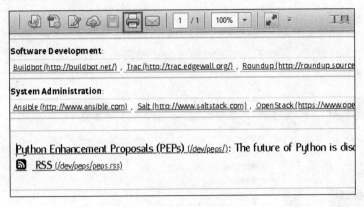

图 12-12　PDF 文件内容

　　Adobe Reader XI 显示 PDF 文件内容后，在软件上找到"打印"图标按钮并单击，软件会弹出一个打印窗口。在这个窗口中，相关的打印参数设置使用默认值即可，然后我们只需单击"打印"按钮就能完成文件打印。如图 12-13 所示。

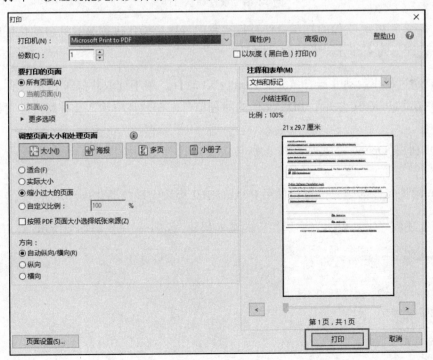

图 12-13　打印窗口

如果在打印窗口中的打印机没有选中相关的打印机设备，可以在计算机的控制面板→设备和打印机里面设置默认打印机。如图 12-14 所示。

图 12-14　设置默认打印机

以上是一个 PDF 文件的打印操作过程，我们就这个操作过程来设计自动化程序架构，整个程序设计分为 4 部分，设计说明如下：

（1）通过程序启动并运行 Adobe Reader XI 软件，用于读取并打印 PDF 文件。

（2）获取 PDF 文件夹里 PDF 文件的路径信息，在软件中输入文件路径即可读取相应的文件内容。

（3）利用 OpenCV 实现图像识别与定位，计算出训练图像在计算机屏幕上的坐标位置。

（4）根据图像的坐标位置，使用 PyAutoGUI 模块实现自动化操作。

根据上述程序设计说明来实现相应的功能代码，整个程序代码如下所示：

```python
import subprocess
import cv2
import pyautogui
import time
import os
# 获取文件夹的所有 PDF 文件路径
def file_name(file_dir):
```

```python
        temp = []
        for root, dirs, files in os.walk(file_dir):
            for file in files:
                if os.path.splitext(file)[1] == '.pdf':
                    temp.append(os.path.join(root, file))
    return temp


# 图像识别与定位
def get_position(local):
    # 将当前屏幕截图，作为目标图像
    pyautogui.screenshot('computer.png')
    img1 = cv2.imread('computer.png')
    img2 = cv2.imread(local)
    # 获取图像特征的关键点和描述符
    sift = cv2.xfeatures2d.SIFT_create()
    kp1, des1 = sift.detectAndCompute(img1, None)
    kp2, des2 = sift.detectAndCompute(img2, None)
    # 定义暴力匹配器
    bf = cv2.BFMatcher(normType=cv2.NORM_L1, crossCheck=True)
    # 使用暴力算法实现图像匹配，并对匹配结果排序
    matches = bf.match(des1, des2)
    matches = sorted(matches, key=lambda x: x.distance)
    # 获取某个点的坐标位置
    index = int(len(matches) / 2)
    x, y = kp1[matches[index].queryIdx].pt
    return (x, y)


if __name__ == '__main__':
    # 运行 Adobe Reader 软件
    sf = r"C:\Program Files (x86)\Adobe\Reader\Reader\AcroRd32.exe"
    subprocess.Popen(sf)
    time.sleep(3)
    # 获取文件夹里面所有的 PDF 文件
    file_path = r"C:\Users\000\Desktop\pdf"
    file_list = file_name(file_path)

    for f in file_list:
        # 单击 "打开" 图标
        position = get_position('open.png')
        pyautogui.click(x=position[0], y=position[1], interval=1)
```

```
# 单击"我的电脑"图标
position = get_position('myPC.png')
pyautogui.click(x=position[0], y=position[1], interval=1)
# 单击"浏览"图标
position = get_position('browse.png')
pyautogui.click(x=position[0], y=position[1], interval=1)
# 输入 PDF 文件路径
pyautogui.typewrite(f)
# 单击"打开"按钮
position = get_position('openFile.png')
pyautogui.click(x=position[0], y=position[1], interval=1)
# 单击"打印"图标，进入打印预览
position = get_position('openPrint.png')
pyautogui.click(x=position[0], y=position[1], interval=1)
# 单击"打印"按钮
position = get_position('print.png')
pyautogui.click(x=position[0], y=position[1], interval=1)
# 快捷键关闭当前 PDF 文档
time.sleep(5)
pyautogui.hotkey('ctrl', 'w')
```

上述代码的主程序中，Adobe Reader XI 软件的运行由 Python 内置的 subprocess 模块实现，该模块通过程序执行计算机系统命令，代码中的 Popen()方法表示使用系统命令来创建进程，用来启动并运行 Adobe Reader XI 软件。

文件夹中的所有 PDF 文件路径信息通过调用函数 file_name 来获取，参数 file_dir 代表文件夹的路径地址，整个函数实现的功能都由 Python 内置 os 模块完成。

PDF 文件的路径信息获取后，程序对其进行遍历处理，每次遍历就是对当前的文件进行打印操作。每个打印操作步骤都调用函数 get_position 来获取坐标位置，然后使用 PyAutoGUI 模块在这个坐标位置上执行相应的鼠标操作。

函数 get_position 使用 SIFT 算法和暴力匹配来实现图像识别与定位。参数 local 代表需要被定位的图像，也就是 OpenCV 里面的训练图像；目标图像是整个计算机的当前屏幕，它是由 PyAutoGUI 的 screenshot()方法来截取计算机全屏。通过图像之间的特征匹配，可以找出训练图像在目标图像里面所在的位置，这个位置需要 PyAutoGUI 操作的坐标位置。

每次调用函数 get_position 都要传入一张训练图像，训练图像是软件中某个按钮的截图，为了验证 OpenCV 图像识别的稳定性，我们可将训练图像进行简单的旋转处理，如图 12-15 所示。

图 12-15 训练图像文件

12.5 本章小结

特征检测是计算机对一张图像中最为明显的特征进行识别检测并将其勾画出来。大多数特征检测都会涉及图像的角点、边和斑点识别或者对称轴。图像特征检测算法主要有角点检测、SIFT 检测、SURF 检测和 ORB 检测。其中 SIFT 检测、SURF 检测和 ORB 检测的使用方法如下：

```python
import cv2
# 读取图片
img = cv2.imread('logo.png')
# SIFT 检测
# 定义 SIFT 对象
sift = cv2.xfeatures2d.SIFT_create()
# 检测关键点并计算描述符
# 描述符是对关键点的描述，可用于图片匹配
keypoints, descriptor = sift.detectAndCompute(img, None)

# SURF 检测
# 定义 SURF 对象，参数 float(1000) 为阈值，阈值越高，识别的特征越小。
surf = cv2.xfeatures2d.SURF_create(float(1000))
# 检测关键点并计算描述符
# 描述符是对关键点的描述，可用于图片匹配
keypoints, descriptor = surf.detectAndCompute(img, None)

# ORB 检测
```

```
# 定义 ORB 对象
orb = cv2.ORB_create()
# 检测关键点并计算描述符
# 描述符是对关键点的描述, 可用于图片匹配
keypoints, descriptor = orb.detectAndCompute(img, None)
```

图像匹配与定位是由图像特征的 keypoints 和 descriptor 实现的。图像匹配算法主要有暴力匹配和 FLANN 匹配, 而图像定位则是通过图像匹配结果来反向查询它们在目标图片中的具体坐标位置。暴力匹配和 FLANN 匹配的使用方法如下:

```
# 定义暴力匹配器
# BFMatcher 参数:
# normType: NORM_L1, NORM_L2, NORM_HAMMING, NORM_HAMMING2。
# NORM_L1 和 NORM_L2 用于 SIFT 和 SURF 算法
# NORM_HAMMING 和 NORM_HAMMING2 用于 ORB 算法
bf = cv2.BFMatcher(normType=cv2.NORM_L1, crossCheck=True)
# 使用暴力算法实现图像匹配, 并对匹配结果排序
matches = bf.match(des1, des2)
matches = sorted(matches, key=lambda x: x.distance)
# 获取某个点的坐标位置
index = int(len(matches)/2)
x, y = kp1[matches[index].queryIdx].pt

# 定义 FLANN 匹配器
indexParams = dict(algorithm=0, trees=10)
searchParams = dict(checks=50)
flann = cv2.FlannBasedMatcher(indexParams, searchParams)
# 使用 KNN 算法实现图像匹配, 并对匹配结果排序
matches = flann.knnMatch(des1, des2, k=2)
matches = sorted(matches, key=lambda x: x[0].distance)
# 去除错误匹配, 0.5 是系数, 系数大小不同, 匹配的结果也不同
goodMatches = []
for m, n in matches:
    if m.distance < 0.5 * n.distance:
        goodMatches.append(m)
# 获取某个点的坐标位置
# index 是获取匹配结果的中位数
index = int(len(goodMatches)/2)
# queryIdx 是目标图像的描述符索引
x, y = kp1[goodMatches[index].queryIdx].pt
```

第 13 章

App 自动化开发

本章讲述如何在 Python 中使用 Appium 实现手机 App 自动化开发，主要内容包括 Appium 简介、搭建开发环境、Appium 连接手机并实现手机元素的定义与操控，如点击屏幕、滑动屏幕和文本输入等操作。

13.1　Appium 简介及原理

Appium 是一个开源、跨平台的测试框架，可以用来测试原生及混合的移动端应用。Appium 支持 iOS、Android 及 FirefoxOS 平台。它使用 WebDriver 的 JSON Wire 协议来驱动 iOS 系统的 UIAutomation 库以及 Android 系统的 UIAutomator 框架。它允许自动化人员在不同的平台（iOS，Android）使用同一套 API 来写自动化脚本，这样大大增加了 iOS 和 Android 的代码复用性。

整个 Appium 分为 Client 和 Server：Client 封装了 Selenium 客户端类库，为用户提供所有常见的 Selenium 命令以及额外的移动设备控制相关的命令，如多点触控手势和屏幕朝向等；Server 定义了官方协议的扩展，为用户提供了方便的接口来执行各种设备动作，例如在测试过程中安装/卸载 App 等。

Appium 支持多种编程语言开发自动化程序，这取决于它选择了 Client/Server 的设计模式。Client 通过发送 HTTP 请求给 Server，当 Server 接收 Client 发送的请求时，会解析请求内容并调用对应的系统框架，在移动设备上执行自动化操作。因为 Client 和 Server 之间采用 HTTP 协议，所以 Client 用什么语言来开发自动化程序都是可以的。Appium 的工作原理如图 13-1 所示。

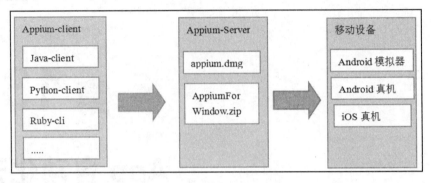

图 13-1　Appium 的工作原理

从 Appium 的原理图可以看到，Appium-Client 能为我们提供自动化功能模块，用于编写自动化程序。在 Python 中，它是第三方模块 Appium，该模块是在 Selenium 库的基础上进行封装。Appium-Server 是基于 Node.JS 开发的服务端，主要接收 Appium-Client 的请求，然后根据请求信息操作移动设备，从而实现自动化操作。

13.2　搭建开发环境

Appium 支持 Android 和 iOS 系统的移动设备自动化开发，但是苹果设备的自动化程序必须在 Mac 下进行开发，Windows 和 Linux 平台是无法进行的，因此我们以 Android 系统为例。

在 Windows 系统上搭建 Appium 开发环境，需要安装 Java JDK、Android SDK、Node.JS、Appium-Server 和 Appium-Client，具体安装说明如下。

- Java JDK：搭建Java开发环境。
- Android SDK：Android软件开发包，基于Java的开发环境运行，可以在计算机启用Android模拟器或者连接Android手机。
- Node.JS：搭建Node.JS的开发环境。
- Appium-Server：安装Appium的服务器，基于Node.JS的开发环境运行。
- Appium-Client：安装Appium的客户端，编写并运行Appium自动化代码。

Java JDK 是在 Windows 上搭建 Java 的开发环境，因为 Android SDK 是基于 Java 的开发环境运行的。目前 Java 已有新版本是 10.0，但 Android SDK 仅支持 Java 8 版本，因此我们需要安装 Java 8 版本，在浏览器中访问 http://www.oracle.com/technetwork/java/javase/downloads/jdk8-downloads-2133151.html，下载与计算机系统匹配的安装包，如图 13-2 所示。

图 13-2　Java 版本下载

安装包下载后直接双击运行并根据安装提示即可完成安装，安装路径使用默认设置即可。安装成功后，还需要设置计算机的系统环境变量。右键单击我的电脑→选择属性→选择系统保护→选择高级→单击环境变量→单击系统变量的新建按钮，分别输入变量名 JAVA_HOME 和变量值 C:\Program Files\Java\jdk1.8.0_181，变量值是 Java 的默认安装路径，具体操作如图 13-2 所示。

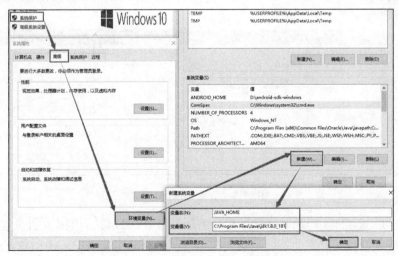

图 13-3　设置 Java 环境变量

Java 环境变量设置成功后，打开 CMD 窗口来验证 Java 是否安装成功。在 CMD 窗口输入 java -version 并按回车就会显示当前 Java 的版本信息，如图 13-4 所示。

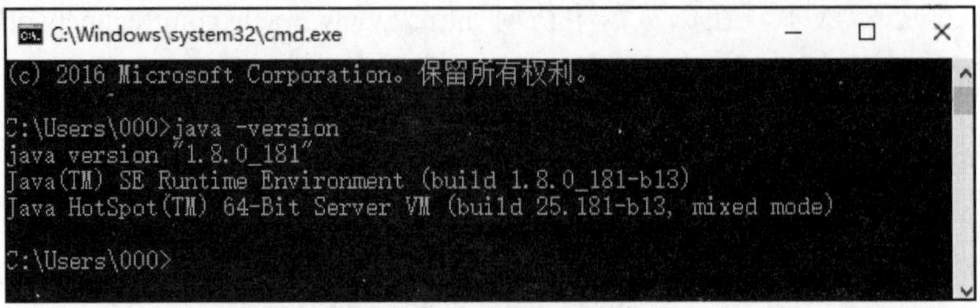

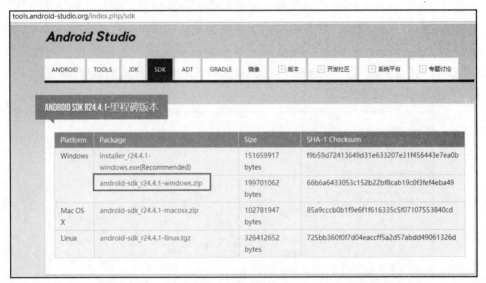

图 13-4　Java 版本信息

Java 的开发环境搭建后，下一步是搭建 Android SDK。Android SDK 提供了 Android API 库和开发工具构建、测试和调试应用程序。简单来讲，Android SDK 可以用于开发和运行 Android 系统的应用软件。在官网上没有提供单独的 Android SDK 下载链接，官方推荐下载包含 Android SDK 的 Android Studio。只能通过其他路径下载，在浏览器访问 http://tools.android-studio.org/index.php/sdk，单击下载 android-sdk_r24.4.1-windows.zip，如图 13-5 所示。

图 13-5　下载 Android SDK

将 android-sdk_r24.4.1-windows.zip 进行解压并放置在 D 盘的 SDK 文件夹里，放置的路径没有具体要求，只要存在的空间足够大即可，因为后续更新 Android SDK 会占用比较大的存储空间。Android SDK 的路径信息如图 13-6 所示。

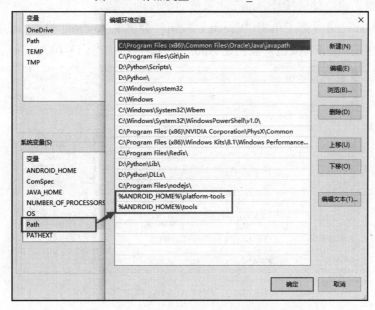

图 13-6　Android SDK 的文件信息

　　根据图上的文件路径信息，将其添加到计算机的系统环境变量中，添加方式与 Java 的相似。新增变量 ANDROID_HOME，变量值是 Android SDK 的文件路径，如图 13-7 所示。在系统变量 Path 添加两个变量值，分别是 Android SDK 的 platform-tools 和 tools 文件夹的文件路径，如图 13-8 所示。

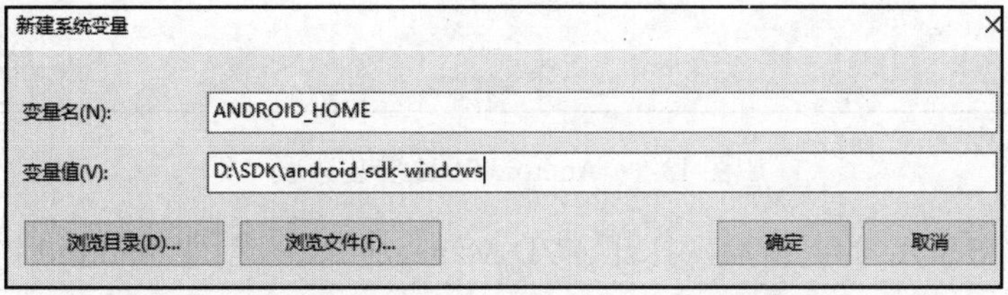

图 13-7　添加变量 ANDROID_HOME

图 13-8　变量 Path 添加变量值

双击运行 SDK Manager.exe，这是更新安装 SDK 的版本信息。根据实际需求选择安装 Android 版本，比如本书的 Android 手机系统版本是 Android 8.0，Android 模拟器是 5.0 版本，安装选项如图 13-9 所示。

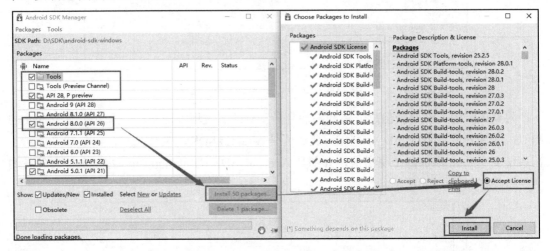

图 13-9　Android SDK 安装选项

完成 Android SDK 的更新后，打开 AVD Manager.exe 来创建 Android 模拟器。Android 模拟器是能在电脑上模拟 Android 操作系统，可以安装、使用、卸载 Android 应用的软件，它能让你在电脑上也能体验操作 Android 系统的全过程。

在 AVD Manager 界面上单击"Create"按钮就会出现 Android 模拟器的配置信息，填写配置信息后单击"OK"按钮就能创建 Android 模拟器，如图 13-10 所示。

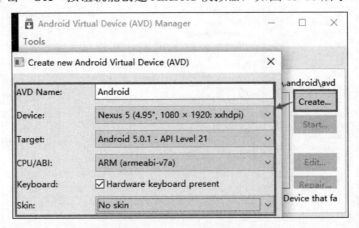

图 13-10　创建 Android 模拟器

Android 模拟器创建后，在 AVD Manager 界面可以看到刚创建的模拟器信息，使用鼠标选中模拟器信息并单击"Start"按钮 → 单击"Launch"按钮即可运行 Android 模拟器，Android 模拟器开启时间相对较长，需要耐心等待。如图 13-11 所示。

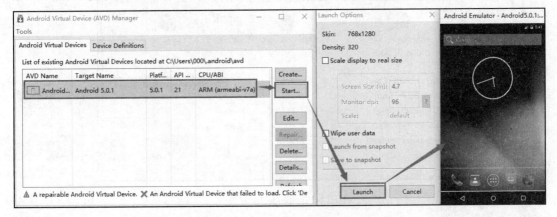

图 13-11　启动 Android 模拟器

最后测试 Android SDK 与手机的连接是否成功，手机通过 USB 连接电脑，并且开启手机的开发者模式以及安装相应的驱动程序。不同手机的开发者模式的开启方法各不相同，本书就不详细讲述了，具体的开启方法可自行上网查询，手机的驱动程序安装成功后可以在设备管理器查看。完成上述操作后，在 CMD 窗口输入指令 adb devices 查看手机信息。如果没有开启开发者模式及安装驱动程序，在 CMD 窗口是无法显示手机信息的。如图 13-12 所示。

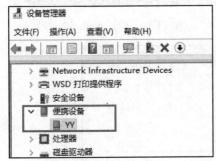

图 13-12　驱动程序（左）手机信息（右）

下一步是搭建 Node.JS 的开发环境，该开发环境用来运行 Appium-Server。在官方网站下载 Node.JS 8.12 版本，在浏览器中访问 https://nodejs.org/en/download/，根据自己的计算机系统下载相应的安装包，如图 13-13 所示。

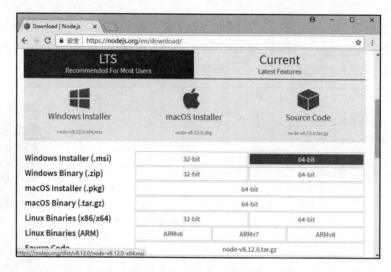

图 13-13　Node.JS 安装包

Node.JS 安装包是一个 Windows 可执行的应用程序，直接双击运行并根据安装提示进行安装，安装路径等一些安装提示使用默认设置即可。安装成功后，在 CMD 窗口验证 Node.JS 是否安装成功，验证指令以及验证结果如图 13-14 所示。

Appium-Server分为 Server 版和 Desktop 版，Server 版在 2015 年底已经停止更新，被 Desktop 版而取而代之，本书以 Desktop 版为例，在 github （ https://github.com/appium/appium-desktop/releases/tag/1.7.0）下载 exe 安装包，选取 1.7 最新版本，如图 13-15 所示。

图 13-14　验证 Node.JS

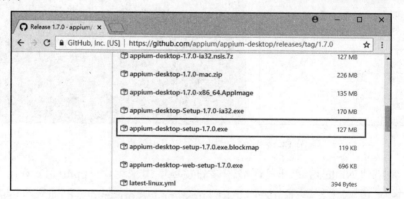

图 13-15　Appium-Server 安装包

Appium-Desktop 下载后直接运行，安装路径等一些安装提示使用默认设置即可。安装成功后在桌面上看到 Appium 图标，双击图标后，在 Appium-Desktop 的界面上单击"Start Server v1.9.0"按钮来启动 Appium-Server，如图 13-16 所示。

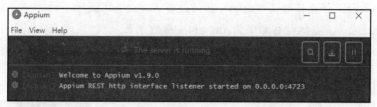

图 13-16　启动 Appium-Server

最后安装 Appium-Client 的 Python 版本，在 CMD 窗口下输入 pip install Appium-Python-Client 指令并等待安装完成即可。

在搭建 Appium 的过程中，我们分别安装了 Java JDK、Android SDK、Node.JS、Appium-Server 和 Appium-Client，每个开发环境之间都有一定的联系，比如 Java JDK 和 Android SDK 的兼容性问题等。

13.3　连接 Android 系统

Appium 对 Android 系统实现自动化操作，第一步是将 Appium 与 Android 进行通信连接，连接代码相对比较固定。在连接代码中根据 Android 系统信息进行相应的修改即可实现连接。连接代码如下：

```
from appium import webdriver
desired_caps = {}
# 设置 Android 系统信息
desired_caps['platformName'] = 'Android'
desired_caps['platformVersion'] = '8.0'
desired_caps['deviceName'] = 'huawei-lld_al20-30KNW18730002140'
desired_caps['appPackage'] = 'com.android.calculator2'
desired_caps['appActivity'] = '.Calculator'
# 向 Appium-Server 发送请求实现连接
driver = webdriver.Remote('http://localhost:4723/wd/hub', desired_caps)
```

在上述代码中，变量 desired_caps 是一个字典，字典的 key 是代表 Appium 与 Android 系统的连接参数，字典的 value 是 Android 系统信息。每个 key 代表不同的意思，具体说明如下。

- platformName：需要被连接的操作系统，如iOS、Android或FirefoxOS。
- platformVersion：Android系统的当前版本信息，如本书的手机系统为8.0。
- deviceName：每台移动设备或模拟器的设备名，设备名是唯一的。
- appPackage：需要执行自动化的Android应用的包名。
- appActivity：Android应用包中启动的Android Activity名称。

这5个参数是连接Android系统的基本参数，每个参数值的获取方式各不相同。下面我们讲述参数值的获取方法。

参数 platformName 只有三个参数值，分别是 iOS、Android 和 FirefoxOS，代表不同的操作系统。

参数 platformVersion 是移动设备或模拟器的系统版本信息。以华为手机的系统版本信息获取为例，可在手机的"设置"→"系统"→"关于手机"里面找到 Android 版本信息，如图 13-17 所示。

图 13-17　Android 版本信息

参数 deviceName 的参数值获取较为繁琐，获取过程需要借助工具来完成。打开 Android SDK 所在的文件夹，找到 tools 文件夹里的 uiautomatorviewer.bat 文件并双击运行，该文件启动一个名为 UI Automator Viewer 的软件，该软件用于捕捉 Android 应用程序的控件元素信息，在下一节中需要借助该软件来实现元素的定位。软件界面如图 13-18 所示。

图 13-18　软件界面

在 Android SDK 的文件路径中找到 AVD Manager.exe 并双击运行，该 exe 程序可以启动 Android 模拟器，具体的启动方式如图 13-11 所示。再将手机连接到计算机，连接之前确保手机已开启 USB 调试模式，连接成功后，手机界面会出现一个 USB 调试提示信息，单击"确定"按钮即可，如图 13-19 所示。

现在计算机已分别开启了 Android 模拟器和连接了一台 Android 手机，单击图 13-18 所标注的按钮，软件就会出现一个设备选择的界面，界面中的设备名就是参数 deviceName 的参数值。总的来说，参数 deviceName 的获取必须借助工具 UI Automator Viewer，同时保证计算机已连接两台或以上的 Android 设备或 Android 模拟器，如图 13-20 所示。

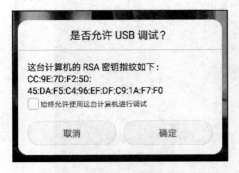

图 13-19　USB 调试提示信息　　　　　图 13-20　获取 deviceName

　　参数 appPackage 同样需要借助工具 UI Automator Viewer 获取，选中图 13-20 中的 huawei 设备并且确保手机的屏幕常亮，单击"OK"按钮，软件就会自动捕捉手机当前界面的控件信息。单击手机上的某个控件，该控件信息就会显示在右侧。其中参数 package 的参数值就是参数 appPackage 的参数值，如图 13-21 所示。

　　参数 appActivity 的获取需要保证计算机上只有一台 Android 设备或 Android 模拟器。以手机为例，关闭 Android 虚拟机，打开 CMD 窗口并输入 adb shell dumpsys activity activities 指令来获取当前设备的程序运行信息。在这些信息中可以找出 appActivity 的参数值，比如查找微信的 appActivity，通过参数 appPackage 确定 appActivity 的参数值，如 realActivity= com.tencent.mm/.ui.LauncherUI，斜杠后面的内容.ui.LauncherUI 就是参数 appActivity 的参数值，如图 13-22 所示。

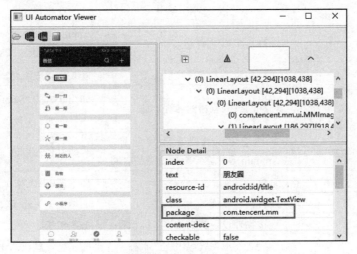

图 13-21　控件信息

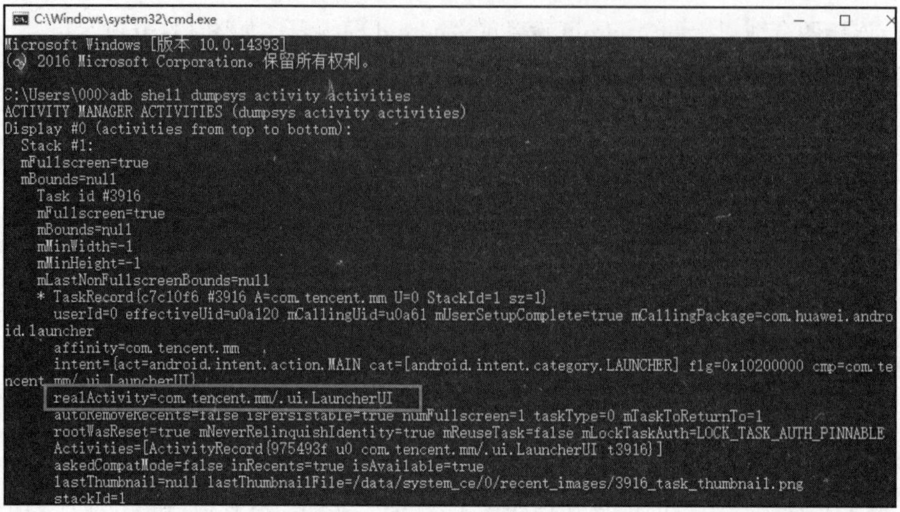

图 13-22　查找 appActivity

参数 appPackage 和参数 appActivity 的获取方法并不是唯一的，这两个参数都可以通过不同的方法获取，有兴趣的读者可以自行在网上查阅相关的资料。除此之外，Appium 在连接移动设备或模拟器上还提供了很多连接参数，本书列出一些常用的参数及其说明，如表13-1 所示。

表 13-1　Appium 连接移动设备或模拟器的常用参数

参　　数	说　　明	参　数　值
通用参数		
automationName	选择自动化引擎	Appium（默认）、Selendroid、UiAutomator2、Espresso
App	在移动设备上安装应用程序	安装包存放路径，如 D:\QQ.apk
browserName	移动网页浏览器的名称	如 iOS 的 "Safari"，Android 的 "Chrome"
newCommandTimeout	客户端退出并结束连接之前，Appium 等待客户端新命令的时间	时间以秒为单位
Language	设置语言	如中国——CN
Locale	设置语言环境	如中文——zh_CN
Udid	连接物理设备的唯一设备标识符	如手机的序列号
noReset	连接之前不重置应用程序状态	布尔型，默认为 True

（续表）

参　　数	说　　明	参　数　值
通用参数		
fullReset	执行完整的重置，即清除应用数据并卸载 apk	布尔型，默认为 False
eventTimings	启用或禁用各种 Appium 内部事件的时间报告	默认为 False
enablePerformanceLogging	启用 Chromedriver（在 Android 上）或 Safari（在 IOS 上）性能记录	默认 False
仅限 Android		
appWaitActivity	等待 Android 应用程序启动	等同 appActivity 参数值
appWaitPackage	等待 Android 应用程序的程序包	等同 appPackage 参数值
appWaitDuration	设置 appWaitActivity 启动的超时	以毫秒为单位，默认值为 20000
deviceReadyTimeout	设置设备准备状态的超时	以秒为单位
androidInstallTimeout	等待 apk 安装到设备的超时	以毫秒为单位，默认为 90000
androidInstallPath	设置 apk 的安装路径	默认路径：/data/local/tmp
adbPort	用于连接到 ADB 服务器的端口	默认 5037
chromeOptions	允许 ChromeDriver 传递 chromeOptions 功能	chromeOptions: {args: ['--disable-popup-blocking']}
recreateChromeDriverSessions	在移至非 ChromeDriver 网页浏览的情况下杀死 ChromeDriver 会话	默认为 False
networkSpeed	设置网络速度模拟，指定最大的网络上传和下载速度	默认为 full
androidScreenshotPath	设置设备上的屏幕截图的路径地址	默认路径：/data/local/tmp
resetKeyboard	使用 unicode 编码方式发送字符串	布尔型，默认值 False
unicodeKeyboard	将键盘隐藏起来	布尔型，默认值 False
仅限 iOS		
calendarFormat	设置日历格式	例如 gregorian
Udid	连接物理设备的唯一设备标识符	如手机的序列号
locationServicesEnabled	强制定位服务处于打开或关闭状态	布尔型，默认保持当前的模拟设置
locationServicesAuthorized	将位置服务设置为授权或未授权	布尔型，默认保持当前的模拟设置
safariInitialUrl	初始 Safari 浏览器网址	默认为本地欢迎页面
safariAllowPopups	允许 JS 在 Safari 中打开新窗口	布尔型，默认保持当前的模拟设置
safariIgnoreFraudWarning	防止 Safari 显示欺诈网站警告	布尔型，默认保持当前的模拟设置
safariOpenLinksInBackground	Safari 是否允许在新窗口中打开链接	布尔型，默认保持当前的模拟设置
appName	应用程序的显示名称	例如 UICatalog

13.4 定位元素

上一节讲述了 Appium 连接 Android 系统的实现过程，程序中以 driver 对象表示连接成功并且将连接状态持久化，整个自动化程序都是围绕这个 driver 对象进行展开。Appium 为 driver 对象提供了许多函数方法，每个函数方法用于实现某个自动化操作。

由于 Appium 是在 Selenium 的基础上进行封装，所以 Appium 的元素定位与操作采用了 Selenium 部分的方法。在讲述元素定位与操作之前，我们先学习元素的查找方法，Android 系统的元素查找需要借助软件 UI Automator Viewer 实现。以手机的计算器为例，比如查找数字 6 的元素属性，具体操作步骤如下：

（1）将手机与计算机进行连接，连接之前确保手机已开启 USB 调试模式。

（2）唤醒手机屏幕，当手机界面上出现 USB 调试提示信息时，单击"确定"按钮并打开手机的计算器。

（3）打开软件 UI Automator Viewer，单击"Device Screenshot"按钮捕捉手机当前界面。

（4）捕捉成功后，在软件的左侧会出现手机界面的截图，单击截图的数字 6，该数字的相关属性都会展示在软件的右侧，这些属性就是我们所需的元素属性，如图 13-23 所示。

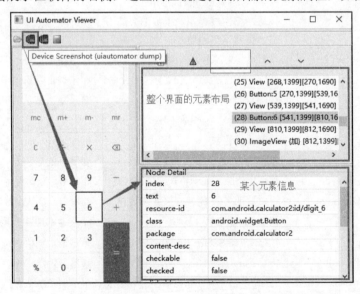

图 13-23　元素查找

数字 6 的元素属性一共有 17 个，但是只有 5 个属性能用于元素定位，它们分别是 index、text、resource-id、class 及 content-desc。那么，Appium 对数字 6 的定位方法如下：

```
# 通过 index 定位
# Appium 的 uiautomator 方法
index = '28'
ua = 'new UiSelector().index(' + index + ')'
driver.find_element_by_android_uiautomator(ua).click()


# 通过 text 定位
# Appium 的 uiautomator 方法
text = '6'
ua = 'new UiSelector().text("' + text + '")'
driver.find_element_by_android_uiautomator(ua).click()


# 通过 resource-id 定位
resourceId = 'com.android.calculator2:id/digit_6'
# Selenium 的方法
driver.find_element_by_id(resourceId)
# Appium 的 uiautomator 方法
ua = 'new UiSelector().resourceId("' + resourceId + '")'
driver.find_element_by_android_uiautomator(ua).click()


# 通过 class 定位
# Selenium 的方法
class_name = 'android.widget.Button'
driver.find_element_by_class_name(class_name)


# 通过 content-desc 定位
# Appium 的 uiautomator 方法
# 由于数字 6 的属性值为空，此处选取按键 C
description = '清除'
ua = 'new UiSelector().description("' + description + '")'
driver.find_element_by_android_uiautomator(ua).click()
# 方法二
driver.find_element_by_accessibility_id('清除').click()


# Xpath 定位
xpath = '//android.widget.Button[contains(@text,"6")]'
driver.find_element_by_xpath(xpath).click()
```

元素定位主要使用了 Selenium 的方法和 Appium 的 uiautomator 方法实现，在这 5 个属性中，除了元素属性 class 之外，其余四个元素属性都能使用 Appium 的 uiautomator 方法进行定位，Selenium 的方法只适用于 class 和 resource-id 属性，而 Selenium 的 Xpath 方法是根据元素的布局进行定位，它能用于任何 Android 应用程序。在 PyCharm 编写代码的时候，代码提示还会出现所有 Selenium 的定位方法，这些定位方法主要用于手机浏览器的网页自动化开发。

使用 Appium 的 uiautomator 方法进行元素定位的时候，不同的属性有不同的代码编写规则，具体的差异体现在上述代码的变量 ua 上，该变量 ua 的代码格式较为固定，只有细心观察才能发现其差异之处。对于 Xpath 定位，需要掌握 Xpath 语法才能写出相应的定位代码，由于本书篇幅有限，就不做详细介绍了，有兴趣的读者可以自行查阅资料。

13.5　操控元素

在讲述元素定位的时候，定位后的元素都执行了单击处理，该操作由 click() 方法实现。当我们使用手机的时候，使用过程中大多数操作都是单击、文本输入和滑动。单击由 click() 方法实现，文本输入由 send_keys() 方法实现，滑动操作由 swipe() 方法实现。单击操作在上一节的代码中已有使用示例，并且使用方法相对简单，此处不再讲述，下面主要讲述文本输入和滑动操作。

以美团为例，单击首页顶部的搜索文本框会进入一个搜索页面，在搜索页面中输入相关的搜索内容，如图 13-24 所示。

图 13-24　查找元素信息

　　根据图上的操作步骤，我们要对这两个文本框进行定位并操控，第一个文本框用于进行单击操控，第二个文本框进行文本输入操作，具体的实现代码如下：

```python
from appium import webdriver
import time
desired_caps = {
    'platformName': 'Android',
    'platformVersion': '8.0',
    'deviceName': 'huawei-lld_al20-30KNW18730002140',
    'appPackage': 'com.sankuai.meituan',
    'appActivity': 'com.meituan.android.pt.homepage.activity.
MainActivity',
    # 设置中文输入
    'unicodeKeyboard': True,
    'resetKeyboard': True,
}
# 向 Appium-Server 发送请求实现连接
driver = webdriver.Remote('http://localhost:4723/wd/hub', desired_caps)
time.sleep(3)
# 单击系统提示框
for i in range(2):
    resourceId = 'com.android.packageinstaller:id/permission_allow_button'
    driver.find_element_by_id(resourceId).click()
    time.sleep(3)
# 单击首页输入框
resourceId = 'com.sankuai.meituan:id/search_edit'
driver.find_element_by_id(resourceId).click()
time.sleep(3)
# 输入搜索内容
resourceId = 'com.sankuai.meituan:id/search_edit'
driver.find_element_by_id(resourceId).send_keys('广州长隆')
```

　　在代码中，字典 desired_caps 额外设置了参数 unicodeKeyboard 和 resetKeyboard，前者是将键盘输入内容改为 unicode 格式，后者是将手机的输入法改为 Appium 的输入法。只有同时设置这两个参数，Appium 才能在手机上输入中文内容，否则输入的内容会变成乱码。

　　Appium 在运行 Android 应用程序的时候，应用程序在启动时是处于一种初始化的状态，也就是说，Appium 清除了用户在这个应用上的使用痕迹。当 Android 应用程序启动成功后，系统会出现相应的系统提示框，因此在执行自动化操作之前，还需要对这些系统提示进行相应的处理才能执行下一步的操作，如图 13-25 所示。

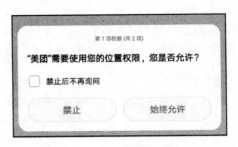

图 13-25　系统提示框

Appium 的滑动操作可以分为上滑、下滑、左滑和右滑，不管哪一种滑动，它们都是由 swipe()方法实现的，只要对 swipe()方法传入不同的参数就能实现不同的滑动方式，swipe()方法的定义如下：

```
swipe (int start x, int start y, int end x, int y, duration)
```

参数说明：

- int start x　开始滑动的x坐标
- int start y　开始滑动的y坐标
- int end x　结束点x坐标
- int end y　结束点y坐标
- duration　滑动时间（默认5毫秒）

从 swipe()方法定义可以看到，滑动屏幕需要借助屏幕上的坐标位置，由于每台手机的分辨率和尺寸大小不同，如果将滑动位置设为一个固定的坐标，在其他手机上不一定能适用，所以只能够根据手机的屏幕大小来制定滑动位置。Appium 提供了相应的方法来获取手机屏幕的尺寸大小，实现过程如下：

```
# 获得手机屏幕分辨率 x,y
def getSize():
    x = driver.get_window_size()['width']
    y = driver.get_window_size()['height']
    return (x, y)
```

函数 getSize()是我们自定义的函数，在函数中使用 Appium 的 get_window_size()方法来获取手机屏幕分辨率。每台手机的坐标点都是以左上方为起点，右下方为终点，这与计算机屏幕分辨率的坐标点分布原理是相同的，如图 13-26 所示。

滑动屏幕主要是在屏幕的正中位置进行的，从函数 getSize()的返回值可以计算不同位置的坐标点，有了这些坐标点就可以实现屏幕滑动，每种滑动方式的实现代码如下所示：

```
# 向上滑动
def swipeUp(t):
    local = getSize()
    x = int(local[0] * 0.5)
    y1 = int(local[1] * 0.75)
    y2 = int(local[1] * 0.25)
    driver.swipe(x, y1, x, y2, t)

# 向下滑动
def swipeDown(t):
    local = getSize()
    x = int(local[0] * 0.5)
    y1 = int(local[1] * 0.25)
    y2 = int(local[1] * 0.75)
    driver.swipe(x, y1, x, y2, t)

# 向左滑动
def swipLeft(t):
    local = getSize()
    x1 = int(local[0] * 0.75)
    y = int(local[1] * 0.5)
    x2 = int(local[0] * 0.05)
    driver.swipe(x1, y, x2, y, t)

# 向右滑动
def swipRight(t):
    local = getSize()
    x1 = int(local[0] * 0.05)
    y = int(local[1] * 0.5)
    x2 = int(local[0] * 0.75)
    driver.swipe(x1, y, x2, y, t)
```

　　不同的滑动方式对 swipe() 的参数有不同的设置。比如向上滑动，X 坐标的起始位置与结束位置固定不变，Y 坐标的起始位置是屏幕的 3/4 位置，结束位置是屏幕的 1/4 位置，也就是从下往上滑动，如图 13-27 所示。每个函数的参数 t 代表滑动时间，参数值的大小会直接影响滑动效果，一般设置为 1000，如果使用 swipe() 的默认值 5 毫秒，则在手机上完全没有滑动效果。

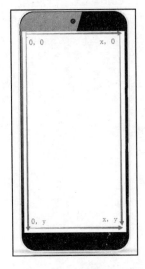

图 13-26　手机屏幕分辨率

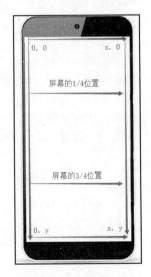

图 13-27　手机屏幕位置

除了上述的自动化操作之外，Appium 还提供了许多实用的操作功能方法。这些方法都由 driver 对象使用，它们定义在 Python 安装目录\Lib\site-packages\appium\webdriver\webdriver.py，每种方法所实现的功能以及参数都有注释说明，有兴趣的读者可以自行查阅。

13.6　实战：淘宝商品采集

通过前面的学习，相信大家对 Appium 的自动化开发有了一定的了解和掌握，在本节中，我们以手机淘宝的商品信息采集为例，进一步掌握 Appium 的开发。整个项目的业务流程大致如下：

（1）Appium 启动手机淘宝 app，并处理 Android 系统的提示信息。

（2）单击淘宝首页顶部的搜索框，进入淘宝的搜索界面。

（3）在搜索界面输入搜索内容并单击"搜索"按钮。

（4）进入商品界面，单击"销量"按钮，将商品以销量排序。

（5）读取当前界面的商品信息，对每条信息进行去重和写入处理。

（6）在商品界面执行向上滑动，读取其他商品信息，重复执行步骤5。

分析上述业务流程，可知道在手机淘宝 App 里需要定位的元素分别有：淘宝首页搜索框、搜索界面的搜索框、商品信息界面的"销量"按钮以及商品信息的标题和价格。在软件 UI Automator Viewer 里分别定位并查找这些元素信息，若软件在截取手机界面时出现报错，请先关闭 Appium 服务器再次执行截取操作，因为 Appium 服务器会对软件的使用有一定的影响。

打开手机淘宝，使用软件 UI Automator Viewer 截取整个淘宝首页的元素信息，单击软件截图的搜索框，发现搜索框可以通过 index、resource-id 和 class 属性进行定位，如图 13-28 所示。元素的 text 属性虽然有属性值，但是每次打开淘宝都会发现 text 的属性值是不相同的。属性 class 可以在一个界面里重复使用，但是此界面只有一个搜索框，因此 class 属性也能实现定位。在选择属性进行定位的时候，需要结合实际情况来分析每个属性是否可行。以 resource-id 定位为例，代码如下所示：

```
# 单击首页搜索框
resourceId = 'com.taobao.taobao:id/home_searchedit'
driver.find_element_by_id(resourceId).click()
```

图 13-28　淘宝首页搜索框

单击首页的搜索框后会进入到搜索界面，搜索界面的搜索框与首页的搜索框是不同的元素，需要重新对搜索界面的搜索框进行信息截取，如图 13-29 所示。在搜索框中输入商品的关键词，并单击搜索框右侧的"搜索"按钮就能搜索相关的商品信息。搜索框和"搜索"按钮的定位以 resource-id 为例，实现代码如下所示：

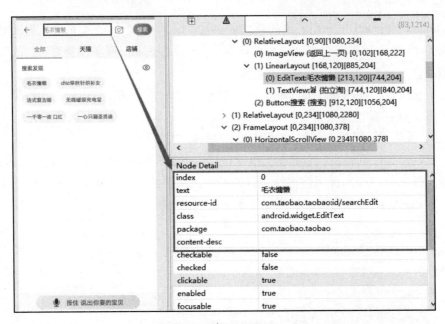

图 13-29　搜索界面的搜索框

```
# 输入搜索内容
text = '玩转 Python 网络爬虫'
resourceId = 'com.taobao.taobao:id/searchEdit'
driver.find_element_by_id(resourceId).send_keys(text)
# 单击搜索按钮
resourceId = 'com.taobao.taobao:id/searchbtn'
driver.find_element_by_id(resourceId).click()
```

搜索所得的商品信息显示在商品界面上，在该界面上单击"销量"按钮，将所有的商品按照销量的大小重新排序，从图13-30得知，"销量"按钮的属性text相比其他属性较为稳定而且具有唯一性，因此该按钮以属性text进行定位，代码如下所示。

```
# 单击销量排序
sales = 'new UiSelector().description("销量")'
driver.find_element_by_android_uiautomator(sales).click()
```

我们对排序后的商品进行信息采集，将每条商品的标题和价钱写入到一个新的字典里，再将这个字典存放到一个列表中。从图13-31看到，每条商品以RelativeLayout元素为单位，每个RelativeLayout元素都包含了商品的标题、价钱以及运费等信息。因此先定位所有的RelativeLayout元素，再对这些元素进行遍历处理，每次遍历获取相应的标题和价钱，具体的代码如下：

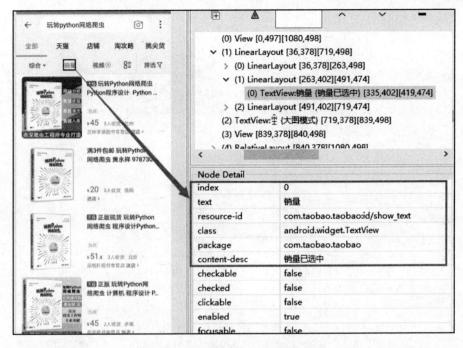

图 13-30　商品界面的"销量"按钮

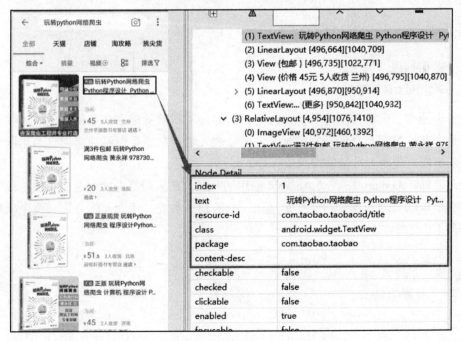

图 13-31　商品信息的标题

```
MyList = []
# 滑动屏幕 5 次
for t in range(5):
    # 定位所有 RelativeLayout 元素
    resourceId = 'com.taobao.taobao:id/auction_layout'
    info = driver.find_elements_by_id(resourceId)
    check_and_delay()
    # 遍历每个 RelativeLayout 元素
    for i in info:
        try:
            MyDict = {}
            # 获取标题
            resourceId = 'com.taobao.taobao:id/title'
            title = i.find_element_by_id(resourceId)
            MyDict['title'] = title.text.strip()
            # 获取价格
            resourceId = 'com.taobao.taobao:id/priceBlock'
            price = i.find_element_by_id(resourceId)
            MyDict['price'] = price.get_attribute("contentDescription")
            # 去重并写入列表
            if MyDict not in MyList:
                MyList.append(MyDict)
        except: pass
    # 滑动屏幕
    swipeUp(1000)
```

在每个元素之间加入延时等待，因为商品的搜索和销量排序都是从淘宝的服务器获取数据，这个获取过程都会涉及网络延时，所以加入延时功能是更好地协调自动化操作与应用程序的响应，使两者尽量保持同步执行。

除此之外，Appium 在启动 Android 应用的时候，在应用界面中都会出现系统提示框，我们将提示框的处理和延时功能都定义在一个函数里实现。综合上述分析，整个项目的功能代码如下所示：

```
from appium import webdriver
import time
# 延时与检测系统提示
def check_and_delay(ts=10):
    time.sleep(ts)
    try:
        driver.find_element_by_id('android:id/button1').click()
```

```python
        except: pass
# 获得屏幕坐标 x,y
def getSize():
    x = driver.get_window_size()['width']
    y = driver.get_window_size()['height']
    return (x, y)

# 屏幕向上滑动
def swipeUp(t):
    local = getSize()
    x = int(local[0] * 0.75)
    y1 = int(local[1] * 0.75)
    y2 = int(local[1] * 0.25)
    driver.swipe(x, y1, x, y2, t)

if __name__ == '__main__':
    desired_caps = {
        'platformName': 'Android',
        'platformVersion': '8.0',
        'deviceName': 'huawei-lld_al20-30KNW18730002140',
        'appPackage': 'com.taobao.taobao',
        'appActivity': 'com.taobao.tao.homepage.MainActivity3',
        # 设置中文输入
        'unicodeKeyboard': True,
        'resetKeyboard': True,
    }
    driver = webdriver.Remote('http://localhost:4723/wd/hub', desired_caps)
    # 单击首页搜索框
    # 延时 20 秒是更好地等待系统提示框的出现
    check_and_delay(20)
    resourceId = 'com.taobao.taobao:id/home_searchedit'
    driver.find_element_by_id(resourceId).click()
    check_and_delay()
    # 单击搜索页的搜索框
    text = '玩转 Python 网络爬虫'
    resourceId = 'com.taobao.taobao:id/searchEdit'
    driver.find_element_by_id(resourceId).send_keys(text)
    check_and_delay()
    # 输入搜索内容
    resourceId = 'com.taobao.taobao:id/searchbtn'
```

```
driver.find_element_by_id(resourceId).click()
check_and_delay()
# 单击销量排序
sales = 'new UiSelector().description("销量")'
driver.find_element_by_android_uiautomator(sales).click()
check_and_delay()
# 数据写入
MyList = []
for t in range(5):
    resourceId = 'com.taobao.taobao:id/auction_layout'
    info = driver.find_elements_by_id(resourceId)
    check_and_delay()
    for i in info:
        try:
            MyDict = {}
            # 获取标题
            resourceId = 'com.taobao.taobao:id/title'
            title = i.find_element_by_id(resourceId)
            MyDict['title'] = title.text.strip()
            # 获取价格
            resourceId = 'com.taobao.taobao:id/priceBlock'
            price = i.find_element_by_id(resourceId)
            MyDict['price'] = price.get_attribute("contentDescription")
            # 去重并写入列表
            if MyDict not in MyList:
                MyList.append(MyDict)
        except: pass
    # 滑动屏幕
    swipeUp(1000)
print(MyList)
# 关闭淘宝 App
driver.quit()
```

13.7 本章小结

　　Appium 是一个开源、跨平台的测试框架，可以用来测试原生及混合的移动端应用，支持 iOS、Android 及 FirefoxOS 平台。

在 Windows 系统上搭建 Appium 开发环境，需要安装 Java JDK、Android SDK、Node.JS、Appium-Server 和 Appium-Client，具体的安装说明如下。

（1）Java JDK：搭建 Java 的开发环境。

（2）Android SDK：Android 软件开发包，基于 Java 的开发环境运行，可以在计算机启用 Android 模拟器或者连接 Android 手机。

（3）Node.JS：搭建 Node.JS 的开发环境。

（4）Appium-Server：安装 Appium 的服务器，基于 Node.JS 的开发环境运行。

（5）Appium-Client：安装 Appium 的客户端，编写并运行 Appium 自动化代码。

Appium 与 Android 通信连接的代码是相对比较固定的，在连接代码中根据 Android 系统信息进行相应的修改即可实现连接。Appium 设置了许多连接参数，不同的参数负责实现不同的功能，这些功能主要是对 Android 系统进行设置，以便满足我们开发需求。

Android 系统的元素查找需要借助软件 UI Automator Viewer 实现，具体操作步骤如下：

（1）将手机与计算机进行连接，连接之前确保手机已开启 USB 调试模式。

（2）唤醒手机屏幕，当手机界面出现 USB 调试提示信息，单击“确定”按钮。

（3）打开软件 UI Automator Viewer，单击“Device Screenshot”按钮捕捉手机当前界面。

（4）捕捉成功后，在软件的左侧出现手机界面的截图，在截图里单击某个元素可获取该元素信息。

Appium 对元素的定位与操作是在 Selenium 的基础上进行实现和扩展，具体的定位与操作方法可以在 Python 安装目录\Lib\site-packages\appium\webdriver\webdriver.py 文件里查阅。

第 14 章

Flask 入门基础

本章讲述 Python 的 Web 框架——Flask 入门知识。Flask 主要用来开发网站应用，阐述 Flask 框架是让读者掌握简单的网站开发技术，自主开发自动化系统，用于管理自动化程序。Flask 入门知识包括了环境搭建、路由编写、请求参数传递与获取以及响应过程。

14.1 概述与安装

因为下一章我们的自动化系统会用到 Flask，所以本章先对 Flask 做一个快速讲解。

相信大家对网站开发的一些基础知识都有所了解，网站开发可以使用多种编程语言实现，只不过实现过程和编码方式有所不同，但开发原理都是相同的。对于 Python 来说，网站开发的主流框架有 Django、Flask 和 Tornado，有一定规模的企业都是首选 Django 框架，而小企业或创业公司会选择 Flask 框架，因为 Flask 可以快速开发网站，而且入门也相对简单。如果读者对 Django 有学习兴趣，可查阅笔者的《玩转 Django 2.0》。

Python 的 Flask 是受 Sinatra Ruby 框架启发，并基于 Werkzeug 和 Jinja2 开发而成的 Web 框架，它与大多数 Python 的 Web 框架相比相当年轻，但具有很好的发展前景，并且已经在 Python Web 开发人员中流行起来。

Flask 的设计易于使用和扩展，依赖于两个外部库：Jinja2 模板引擎和 Werkzeug WSGI 工具包。它的初衷是为各种复杂的 Web 应用程序构建坚实的基础，Python Web 开发人员可以自由地插入任何扩展，也可以自由构建自己的模块，具有很强的扩展性。Flask 具有开箱即用的优点，并有以下的特点：

（1）内置开发服务器和快速调试器。

（2）集成支持单元测试。

（3）RESTful 可请求调度。

（4）Jinja2 模板。

（5）支持安全 cookie（客户端会话）。

（6）符合 WSGI 1.0。

（7）基于 Unicode。

总而言之，Flask 是最精简且功能最丰富的微框架之一，它拥有蓬勃发展的社区，丰富的扩展模块和完善的 API，且具有快速开发、强大的 WSGI 功能、Web 应用程序的单元可测性以及大量文档等优点。

Flask 的安装可以使用 pip 指令完成，在 Windows 的 CMD 窗口下输入 pip install flask 并按回车键等待安装即可。安装成功后进入 Python 交互模式，验证是否安装成功，验证方法如图 14-1 所示。

```
C:\Users\000>python
Python 3.7.0 (v3.7.0:1bf9cc5093, Jun 27 2018, 04:59:51) [MSC v.1914 64 bit (AMD64)] on win32
Type "help", "copyright", "credits" or "license" for more information.
>>> import flask
>>> flask.__version__
'1.0.2'
```

图 14-1　验证方法

14.2　快速实现一个简单的网站系统

本节主要介绍如何使用 Flask 开发网站系统。首先创建 main.py 文件，在该文件里编写以下代码即可实现一个简单的网站系统，代码如下：

```
# 导入 Flask
from flask import Flask
# 创建一个 Flask 实例
```

```
app = Flask(__name__)

# 设置路由地址，即网页地址，也称为 url
@app.route('/')
# url 的处理函数
def hello_world():
    # 返回的网页
    return 'Hello World!'

if __name__ == '__main__':
    app.run()
```

上述代码主要分为三部分：Flask 实例化、定义网站的路由地址和函数、网站的运行入口。三者的说明如下。

- Flask实例化：这是通过Python的Flask模块实例化，因为Python是面向对象编程语言，而实例化是创建一个Flask对象，它代表整个网站系统。
- 定义网站的路由地址和函数：网站路由由Flask对象app的route装饰器定义，它对网站系统添加网站地址，每个网站地址都由一个路由函数处理，这个函数用于响应用户的请求，比如用户在浏览器上访问这个网址，那么网站系统必须对用户的HTTP请求做出响应，这个响应过程就是由这个路由函数处理和实现的。
- 网站的运行入口：用于启动并运行网站，由app对象的run()方法实现。run()方法里可以设置相应的参数来设置网站的运行方式。

在 PyCharm 或 Windows 的 CMD 窗口下运行 main.py 文件，本书以 PyCharm 为例，文件的运行结果如图 14-2 所示；在图 14-2 中单击链接 http://127.0.0.1:5000/，浏览器会自动弹出该链接的网页信息，如图 14-3 所示，并且在图 14-2 中也会出现用户的请求信息。

```
D:\Python\python.exe D:/main.py
 * Serving Flask app "main" (lazy loading)
 * Environment: production
   WARNING: Do not use the development server in a production environment.
   Use a production WSGI server instead.
 * Debug mode: off
 * Running on http://127.0.0.1:5000/ (Press CTRL+C to quit)     用户的Http请求
127.0.0.1 - - [28/Sep/2018 12:11:29] "GET / HTTP/1.1" 200 -
```

图 14-2　main.py 文件运行结果

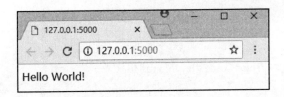

图 14-3　网页信息

14.3　路由编写规则

在上一节中，路由地址是以"/"表示的，而在浏览器却变成了 http://127.0.0.1:5000/。因为路由地址第一个"/"表示网站的域名或IP地址，也就是我们常说的网站首页。网站的路由地址编写规则与Windows的文件目录路径是相似的，每个"/"代表不同的路由等级，每个路由等级的命名可以是固定的或以变量表示，如下所示：

```
# 路由地址: http://127.0.0.1:5000/user/
@app.route('/user/')
def user():
    return 'This is user center'


# 路由地址: http://127.0.0.1:5000/user/xxx
# xxx 可代表任意内容
@app.route('/user/<types>')
def userCenter(types):
    return "This is user's " + types + " page"
```

上述例子设置了两个不同等级的路由地址，通常情况下网站首页（"/"）称为根目录，路由'/user/'代表网站的二级目录；而'/user/<types>'是'/user/'下的子目录，也是网站的三级目录，其中<types>是一个变量，可代表任意内容，并且路由的变量可以传递到路由函数userCenter里使用。

在路由中设置变量可对路由进行精简处理，比如路由地址中设有日期格式，若按照一年来计算，每天就要设定一个路由地址，那么一年就需要设置 365 个路由，如果将日期设为变量表示，只需一个路由即可解决。在浏览器上分别将路由变量设为 login、logout 和 relogin，网站会将变量值显示到网页上，如图 14-4 所示。

图 14-4 路由变量

路由的编写规则还可以设置 HTTP 请求，HTTP 的请求方法有 GET、POST、OPTIONS、PUT、DELETE、TRACE 和 CONNECT 方法。一般情况下，GET 和 POST 方法是最为常用的HTTP请求，GET请求是从网站中获取数据并显示在浏览器上，POST请求是将用户输入在浏览器的数据提交到网站系统里进行处理。同一个路由地址可以设置不同的 HTTP 请求方式，并可以设置每种请求方式的处理方法，具体代码如下：

```python
# 导入 request 方法
from flask import request
# 参数 methods 是设置 HTTP 请求方法
@app.route('/user/', methods=['GET', 'POST'])
def user():
    # 判断当前的请求方式，执行不同的处理
    if request.method == 'GET':
        return 'This is user center'
    else:
        return 'This is My center'
```

当用户在浏览器上访问 http://127.0.0.1:5000/user/的时候，实质上是对网站发送一个 HTTP 的 GET 请求，网站收到请求后，在路由函数 user 里判断请求类型，再根据请求类型执行相应的处理，最后将处理结果返回到浏览器。

14.4　请求参数

　　网站是通过 HTTP 协议与用户实现数据传输，而 HTTP 请求是以 GET 和 POST 方法为主。用户每次与网站进行交互的时候，在交互的过程可能需要发送相应的数据信息，比如 POST 方法是将用户在浏览器输入的数据提交到网站，而这些提交的数据称为请求参数。

　　在网站中，不同的请求方式对请求参数的获取也有所不同，但获取方法都是由 Flask 的 request 模块实现的。首先了解 GET 和 POST 的请求参数格式，GET 请求参数是附加在路由地址并以"？"表示的，"？"后面的信息是请求参数，每个参数以 A=B 的形式表示，A 是参数名，B 是参数值；如果有多个请求参数，每个参数之间以"&"隔开，如下所示：

```
# 请求参数分别有 name 和 password，参数值分别为 python 和 helloworld
http://127.0.0.1:5000/user/login?name=python&password=helloworld
```

　　POST 的请求参数以 JSON 格式表示，它不会附加在路由地址上，因为路由地址的内容长度是有限制的，而 POST 的请求参数往往会超出路由地址的限制。在发送 POST 请求的时候，它会随着路由地址一并发送到网站系统，请求参数的格式如下：

```
{
    "name": "python",
    "password": "helloworld"
}
```

　　不管是哪一种请求方式，它们的请求参数都是相似的，每个参数具有参数名和参数值。在网站中，请求参数的获取方法如下：

```python
from flask import request
@app.route('/user/<types>', methods=['GET', 'POST'])
def userCenter(types):
    # 获取 GET 的请求参数
    if request.method == 'GET':
        name = request.args.get('name')
        password = request.args.get('password')
    # 获取 POST 的请求参数
    else:
        name = request.form.get('name')
```

```
    password = request.form.get('password')
return "This is " + types + " page,Your name is " + name
```

在获取请求参数的参数值之前，必须对请求方式进行判断，否则网站系统会对该请求视为 GET 请求。不同的请求方式，请求参数的参数值获取方式各不相同，这一原则不仅体现在 Flask 框架上，对于大多数的 Web 框架也都适用。

14.5　响应过程

当收到用户的请求时，网站会根据请求的内容进行处理，处理过程由路由函数实现。当路由函数完成请求处理后，下一步是将处理结果返回到浏览器；浏览器收到处理结果（也称为响应内容），根据响应内容生成相应的网页给用户浏览。从网站将处理结果返回到用户这一过程，我们称之为响应过程。

响应过程由路由函数的 return 方法实现。对于 Python 来说，函数的 return 是将函数里的数据返回到函数外使用；对于 Flask 来说，路由函数的 return 会根据用户请求来对用户做出响应处理，响应结果有多种方式表示，其中最为常用是字符串、JSON 数据及 HTML 文件，具体的使用方法如下：

```python
# 响应内容为字符串
@app.route('/str')
def MyStr():
    return "The response is string!"


# 响应内容为JSON
from flask import jsonify
@app.route('/Json')
def MyJson():
    json = {
        'response': 'Json'
    }
    return jsonify(json)
    # 等价于
# return jsonify(response='Json')


# 响应内容为HTML 文件
from flask import render_template
```

```
@app.route('/html')
def MyHtml():
    name = 'Python Flask'
    return render_template('index.html', name=name)
```

上述代码演示了如何将不同数据类型的响应内容返回到浏览器上。其中以字符串返回最为简单，直接在 return 后面加入字符串内容即可。若以 JSON 格式返回，需要使用 Flask 的 jsonify()方法，并且返回的数据必须以字典或"键=值"的形式表示。

若返回 HTML 文件，需要使用 Flask 的 render_template()方法实现。render_template() 有一个必选参数和可选参数，必选参数的参数值以字符串表示，代表 HTML 文件名，而 Flask 对于 HTML 文件路径则有固定的设置，HTML 文件必须存放在一个名为 templates 的 文件夹里，并且该文件夹必须与 Flask 的运行文件放在同一目录，如图 14-5 所示。

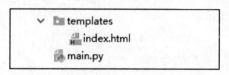

图 14-5　目录结构

render_template()的可选参数是对 HTML 文件里的变量进行赋值，然后这些变量的变量 值就会展示在浏览器中，这个展示过程是由 Flask 的依赖外部库——Jinja2 模板引擎实现 的。模版引擎有自身的模版语法，语法规则与 Python 语法十分相似，但它只能编写在 HTML 文件里。

比如路由函数 MyHtml 是将变量 name 的变量值传递到模版 index.html 的变量 name，然 后 Jinja2 模板引擎将变量值进行转换，生成相应的 HTML 代码并显示在浏览器上，如图 14-6 所示。

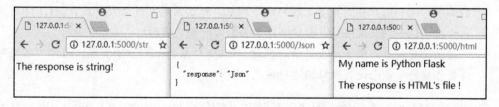

图 14-6　运行结果

Jinja2 的语法特性就不再做详细介绍，有兴趣的读者可查看（http://jinja.pocoo.org/ docs/2.10/）官方文档了解更多。

14.6　本章小结

Flask 的设计易于使用和扩展，依赖于两个外部库：Jinja2 模板引擎和 Werkzeug WSGI 工具包。它的初衷是为各种复杂的 Web 应用程序构建坚实的基础，Python Web 开发人员可以自由地插入任何扩展，也可以自由构建自己的模块，具有很强的扩展性。Flask 具有开箱即用的优点，并有以下的特点：

（1）内置开发服务器和快速调试器。

（2）集成支持单元测试。

（3）RESTful 可请求调度。

（4）Jinja2 模板。

（5）支持安全 cookie（客户端会话）。

（6）符合 WSGI 1.0。

（7）基于 Unicode。

一个简单的网站系统由三部分组成：Flask 实例化、定义网站的路由地址和函数、网站的运行入口。三者的说明如下。

- Flask实例化：这是通过Python的Flask模块实例化，因为Python是面向对象编程语言，而实例化是创建一个Flask对象，它代表整个网站系统。
- 定义网站的路由地址和函数：网站路由是由Flask对象app的route装饰器定义，它对网站系统添加网站地址。每个网站地址都有一个路由函数处理，这个函数是用于响应用户的请求，比如用户在浏览器上访问这个网址，那么网站系统必须对用户的HTTP请求做出响应，这个响应过程就是由这个路由函数处理和实现的。
- 网站的运行入口：用于启动并运行网站，由app对象的run()方法实现。run()方法里可以设置相应的参数来设置网站的运行方式。

路由地址是以"/"表示的，而在浏览器中却变成了 http://127.0.0.1:5000/。因为路由地址第一个"/"表示网站的域名或IP地址，也就是我们常说的网站首页。网站的路由地址编写规则与 Windows 的文件目录路径是相似的，每个"/"代表不同的路由等级，每个路由等级的命名可以是固定的或以变量表示。

　　GET 请求参数是附加在路由地址并以"？"表示的，"？"后面的信息是请求参数，每个参数以 A=B 的形式表示，A 是参数名，B 是参数值；如果有多个请求参数，每个参数之间以"&"隔开。

　　POST 请求参数以 JSON 格式表示，它不会附加在路由地址上，因为路由地址的内容长度是有限制的，而 POST 的请求参数往往会超出路由地址的限制。在发送 POST 请求的时候，它会随着路由地址一并发送到网站系统。

　　当浏览器收到处理结果（也称为响应内容）后，会根据响应内容生成相应的网页给用户浏览。网站将处理结果返回到用户这一过程，我们称之为响应过程。对于 Flask 来说，路由函数的 return 是根据用户请求来对用户做出响应处理，响应结果有多种方式表示，其中最为常用是字符串、JSON 数据及 HTML 文件。

第15章

自动化系统的开发与部署

本章讲述两个 Web 系统的实现：任务调度系统和任务执行系统，两者都是由 Flask 框架实现，并且存在紧密的关联。比如在一个局域网内，任务调度系统只能部署在某一台计算机上，任务执行系统则可以部署在一台或多台计算机上，调度系统记录了执行系统的 IP 地址，通过接口 API 的方式向执行系统发起任务请求，当执行系统接收到任务请求就会执行相应的自动化程序，从而实现自动化程序可视化管理。

15.1 系统设计概述

当自动化程序的数量达到一定量的时候，在管理和维护上会出现各种各样的问题，比如程序运行条件、环境配置等，为了更好地解决这一问题，我们需要开发一个管理系统来管理和控制这些自动化程序。这个管理系统不仅用来记录自动化程序的基本信息，还可以控制自动化程序的运行，具体的控制原理如图 15-1 所示。

从原理图可以看出，在同一个局域网内，有一台计算机负责任务调度，它不仅用于记录自动化程序的基本信息，而且还能通过 HTTP 协议发送请求到任务执行的计算机，完整的任务调度流程说明如下：

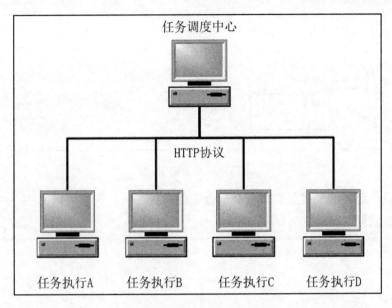

图 15-1　自动化程序控制原理

（1）当任务执行系统收到任务调度中心的任务请求后，任务执行系统就会启动并运行本地的自动化程序。

（2）任务调度中心发送任务请求后会生成一个任务锁，该锁禁止任务调度中心同时发送多个任务请求。

（3）自动化程序运行完毕后，任务执行系统将运行结果发送到任务调度中心。

（4）任务调度中心收到运行结果后，将结果记录在数据库并释放任务锁。

在整个的任务调度流程中发现，任务调度中心和任务执行系统是两个不同的 Web 系统，两者负责实现不同的功能。我们将任务调度中心称为服务端，任务执行系统称为客户端，两个系统的功能说明大致如下：

服务端保存了自动化程序的基本信息和程序执行记录，这些数据将保存在 MySQL 数据库里，程序信息和程序执行记录存放在两个不同的数据表，而数据表的展示由系统的Admin 后台实现，它为数据表提供了增删改查操作。程序信息表的展示效果图如图 15-2 所示。

图 15-2 上是程序信息表的数据生成的 HTML 网页，网页中提供了数据创建、数据删除、批量删除、数据修改以及执行任务等功能。执行任务是自定义的功能，它可以批量对不同的客户端发送任务执行请求。程序执行记录表与程序信息表的结构形式相似，如图 15-3 所示。

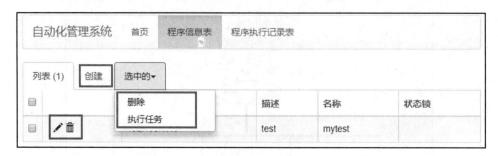

图 15-2　程序信息表

总的来说，服务端主要是实现一个后台管理系统，负责管理局域网内不同计算机里面的自动化程序以及调度和控制程序的运行。

		IP	名称	Status	创建时间
□	✏🗑	192.168.1.10	mytest		2018-09-26 16:41:12
□	✏🗑	192.168.1.10	mytest	done	2018-09-26 16:47:39

图 15-3　程序执行记录表

客户端则负责接收任务请求，当收到调度中心的任务请求时，客户端就开启异步任务，异步任务利用多线程的技术来实现。

因为客户端收到任务请求后，必须要对调度中心做出 HTTP 响应，这是一个完整的 HTTP 请求过程，同时客户端还要执行自动化程序，如果将 HTTP 响应和执行自动化程序同步执行，那么 HTTP 响应必须要等待自动化程序运行完成后才能执行，这就造成了一个很长的等待时间，从而影响调度中心的其他操作。

所以客户端将 HTTP 响应和自动化程序的运行分别单独处理，当客户端收到任务请求后，马上开启异步任务执行自动化程序并对该请求做出 HTTP 响应。当自动化程序运行完成后就会自动发送新的 HTTP 请求到调度中心，告知客户端的任务已执行完成，并将释放任务状态锁。整个通信流程如图 15-4 所示。

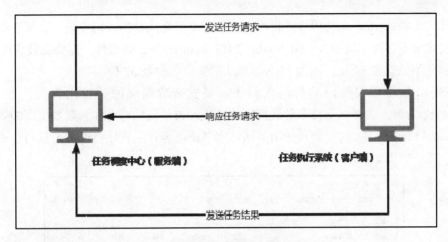

图 15-4　通信流程图

15.2　搭建开发环境

根据系统设计可知，整个自动化系统由 Python 的 Flask 框架、MySQL 和 Redis 数据库组成。MySQL 数据库负责保存和处理数据信息；Redis 数据库负责生成异步任务的数据信息，这是异步任务的必备的功能之一；Python 的 Flask 框架用于开发服务端（任务调度中心）和客户端（任务执行系统）。因此开发环境的搭建分为三部分：MySQL 数据库的安装、Redis 数据库的安装和 Flask 框架的安装。

MySQL 数据库安装包可以在官方网站（https://dev.mysql.com/downloads/installer/）下载，本书以 MySQL 的 5.7 版本为例，在官网下载 MySQL 5.7.23 的 msi 安装程序，如图 15-5 所示。

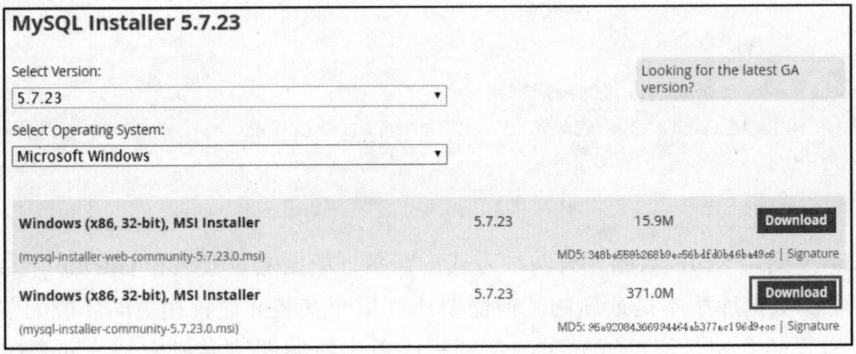

图 15-5　下载 MySQL 安装程序

运行已下载的 msi 安装程序并根据安装提示即可完成数据库的安装。如果在安装过程中出现安装失败并提示缺少 Visual Studio 2013 Redistributable 组件，需要安装该组件的 32位安装包，不能安装 64 位，因为 MySQL 5.7 的安装程序是 32 位。

MySQL 数据库安装成功后，我们还需要安装数据库的可视化工具。以 Navicat Premium 12 为例，它可以支持多种数据库的连接，方便我们查看和管理数据库的数据。有关 Navicat Premium 12 的安装及使用方法，本书就不再详细讲述，读者可以自行查阅相关的资料，软件界面如图 15-6 所示。

图 15-6　Navicat Premium 12

如果使用 5.7 以上的 MySQL 8.0 版本，在连接 MySQL 数据库时可能会提示无法连接的错误信息，这是因为 MySQL 8.0 版本的密码加密方式发生了改变，在 8.0 版本的用户密码采用的是 cha2 加密方法。

为了解决这个问题，我们通过 SQL 语句将 8.0 版本的加密方法改回原来的加密方式，这样可以解决连接 MySQL 数据库的错误问题。在 MySQL 的可视化工具中运行以下 SQL语句：

```
# newpassword 是我们设置的用户密码
ALTER USER 'root'@'localhost' IDENTIFIED WITH mysql_native_password BY
'newpassword';
FLUSH PRIVILEGES;
```

Windows 安装 Redis 数据库有两种方式：官网下载压缩包安装和 GitHub 下载 msi 安装程序。前者的数据库版本是最新的，但需要通过指令安装并设置相关的环境配置；后者是旧版本，但安装方法是傻瓜式安装，启动程序单击按钮即可完成安装。两者的下载地址如下：

```
# 官网下载地址
https://redis.io/download
# github 下载地址
https://github.com/MicrosoftArchive/redis/releases
```

本书的 Redis 数据库以 GitHub 的 msi 安装程序为例，安装过程相对简单，此处就不做详细讲述，读者如在安装过程中出现问题，可以自行查阅相关的资料。除了安装 Redis 数据库之外，还可以安装 Redis 数据库的可视化工具，可视化工具可以帮助初次接触 Redis 的读者了解数据库结构。本书使用 Redis Desktop Manager 作为 Redis 的可视化工具，如图 15-7 所示。

图 15-7　Redis Desktop Manager

最后安装 Flask 的功能组件，Flask 框架本身不具备 Admin 后台以及数据库操作等功能。因此，除了安装 Flask 框架之外，还需要安装一系列的功能组件。框架和功能组件的安装都可以使用 pip 指令完成，具体的安装指令如下所示：

```
# 安装 admin 后台
pip install flask-admin
# 安装 Flask 的国际化与本地化
pip install flask-babelex
# 安装 Flask 的 ORM 框架
pip install flask-sqlalchemy
# 安装 MySql 的连接模块
pip install pymysql
```

```
# 安装 Redis 的连接模块
pip install redis
# 安装异步任务框架
pip install celery
```

上述安装的模块相对较多，不同的模块负责实现不同的功能，还有些功能需要以下几个模块共同实现，具体的说明如下所示。

- flask-admin：实现Flask的Admin后台管理系统。
- flask-babelex：设置Flask的国际化与本地化，也就是设置系统的语言和时间。
- flask-sqlalchemy：Flask的ORM框架，通过定义类来映射数据表，使数据表实现面向对象开发。
- pymysql：将Python与MySQL数据库实现连接。
- redis：将Python与Redis数据库实现连接。
- celery：异步任务框架，用于执行异步任务。

至此，整个自动化系统的开发环境已经搭建完成。总的来说，开发环境的搭建主要分为三个步骤：安装 MySQL 数据库和 MySQL 的可视化工具、安装 Redis 数据库和 Redis 的可视化工具、安装 Flask 的功能组件。

15.3　任务调度系统

在 15.1 节中曾提及到任务调度中心的系统功能：Admin 后台管理和程序信息管理。根据系统的功能需求设计，我们将任务调度中心的目录结构分为 admin.py、main.py、models.py 和 settings.py，每个文件所实现的功能说明如下。

- admin.py：实现Admin后台管理，由flask-admin模块实现。
- main.py：系统的运行文件，用于启动任务调度中心的运行；定义API接口，用于接收任务执行系统的程序运行结果。
- models.py：定义数据模型，实现Flask与MySQL的数据映射，由flask-sqlalchemy模块实现。
- settings.py：网站的配置文件，将Flask与flask-babelex、flask-admin和flask-sqlalchemy等模块进行绑定，使第三方模块能够应用于Flask框架。

整个任务调度中心的网页全都由 flask-admin 模块提供，因此项目结构中无须使用 HTML 文件，系统的目录结构如图 15-8 所示。

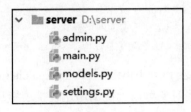

图 15-8　系统目录结构

15.3.1　配置文件

任务调度中心的配置文件由 settings.py 实现，系统的配置主要是对 Flask 实例化的 app 对象进行设置。该系统需要将 Flask 与 flask-babelex、flask-admin 和 flask-sqlalchemy 等模块进行绑定，其配置文件的配置信息如下所示：

```python
from flask import Flask
from flask_sqlalchemy import SQLAlchemy
from flask_admin import Admin
from flask_babelex import Babel


# Flask 实例化，生成对象 app
app = Flask(__name__)
# 本地化，将网页内容改为中文显示
babel = Babel(app)
# 设置 app 的配置信息
URI = 'mysql+pymysql://root:1234@localhost:3306/automation?charset=utf8'
app.config.update(
    # 设置 SQLAlchemy 连接数据库
    SQLALCHEMY_DATABASE_URI=URI,
    # 设置中文
    BABEL_DEFAULT_LOCALE='zh_CN',
    # 设置密钥值，用于 Session、Cookies 以及扩展模块
    SECRET_KEY='213sd4156s51',
    # 解决 JSON 乱码
    JSON_AS_ASCII=False
)
```

```
# 将 Flask 与 SQLAlchemy 绑定
db = SQLAlchemy(app)
# 定义 admin 后台
# 参数 name 设置 Admin 后台的名字
# 参数 template_mode 设置 Admin 后台的网页样式
admin = Admin(app, name='任务调度中心', template_mode='bootstrap3')
```

代码中 app 对象分别绑定 flask-babelex、flask-sqlalchemy 和 flask-admin，依次生成 babel、db 及 admin 对象，这些对象可以直接调用这些扩展模块里面的方法，从而实现相应的功能。

比如 db 对象，它可以调用 flask-sqlalchemy 里面的函数和方法，从而实现对数据库的操作；admin 对象用于生成 Admin 后台系统，通过操作 admin 对象即可实现 Admin 后台的自定义开发。

配置代码还对 app 对象的 config 属性进行更新处理，对 config 属性额外添加了四个属性，属性说明如下。

- SQLALCHEMY_DATABASE_URI：设置系统所连接的数据库，连接符中的pymysql代表SQLAlchemy使用pymysql模块连接MySQL；root代表数据库的用户名；1234是数据库的密码；localhost和3306分别代表数据库的IP地址和端口；automation是数据库的命名；charset是数据库的编码格式。
- BABEL_DEFAULT_LOCALE：设置系统的显示语种，默认为英语，该属性配置是基于flask-babelex模块。
- SECRET_KEY：设置密钥值，用于Session、Cookies以及扩展模块，这是一个比较重要的配置值，几乎每个Web框架都需要配置，可对一些重要的数据进行加密处理。
- JSON_AS_ASCII：若系统以JSON格式返回给用户，如果JSON数据中含有中文内容，该属性可防止中文乱码显示。

15.3.2 数据模型

企业级开发都是使用 ORM 框架来实现数据库持久化操作的，所以作为一个开发人员，很有必要学习 ORM 框架，常用的 ORM 框架模块有 SQLObject、Stom、Django 的 ORM、peewee 和 SQLAlchemy。

本节主要讲述 Python 的 ORM 框架——SQLAlchemy。SQLAlchemy 是 Python 编程语言下的一款开源软件，提供 SQL 工具包及对象关系映射工具，使用 MIT 许可证发行。

SQLAlchemy 采用简单的 Python 语言，为高效和高性能的数据库访问设计，实现了完整的企业级持久模型。SQLAlchemy 的理念是，SQL 数据库的量级和性能重要于对象集合，而对象集合的抽象又重要于表和行。因此，SQLAlchmey 采用类似 Java 里 Hibernate 的数据映射模型，而不是其他 ORM 框架采用的 Active Record 模型。不过，Elixir 和 declarative 等可选插件可以让用户使用声明语法。

SQLAlchemy 首次发行于 2006 年 2 月，是 Python 社区中被广泛使用的 ORM 工具之一，不亚于 Django 的 ORM 框架。

SQLAlchemy 在构建于 WSGI 规范的下一代 Python Web 框架中得到了广泛应用，是由 Mike Bayer 及其开发团队开发的一个单独的项目。使用 SQLAlchemy 等独立 ORM 的一个优势就是允许开发人员首先考虑数据模型，并能决定稍后可视化数据的方式（采用命令行工具、Web 框架还是 GUI 框架）。这与先决定使用 Web 框架或 GUI 框架，再决定如何在框架允许的范围内使用数据模型的开发方法极为不同。

SQLAlchemy 的一个目标是提供能兼容众多数据库（如 SQLite、MySQL、Postgres、Oracle、MS-SQL、SQLServer 和 Firebird）的企业级持久性模型。

对于 Flask 来说，它的 ORM 框架是在 SQLAlchemy 框架上进行封装，使之更符合 Flask 的开发。

任务调度中心的 models.py 文件是定义数据模型，模型是以类的形式表示，通过对类的使用来实现，从而实现数据库的操作。models.py 的数据模型定义如下：

```python
from settings import *
# 定义自动化程序信息表
class ProgramInfo(db.Model):
    # db.Column 是定义字段、db.INT 是字段的数据类型
    __tablename__ = 'ProgramInfo'
    id = db.Column(db.INT, primary_key=True)
    clientIP = db.Column(db.String(50))
    introduce = db.Column(db.String(50))
    name = db.Column(db.String(50), unique=True)
    statusLock = db.Column(db.String(50))


# 定义任务记录表
class TaskRecord(db.Model):
    # db.Column 是定义字段、db.INT 是字段的数据类型
    __tablename__ = 'TaskRecord'
    id = db.Column(db.INT, primary_key=True)
    clientIP = db.Column(db.String(50))
    name = db.Column(db.String(50))
    status = db.Column(db.String(50))
    createTime = db.Column(db.DateTime, server_default=db.func.now())
```

```
# 创建数据表
db.create_all()
```

首先从配置文件 settings.py 导入已定义的对象，如 babel、db 及 admin 对象，尽管 models.py 不需要使用 babel 和 admin 对象，但我们依然将整个配置文件导入，因为这样可以解决系统运行所依赖的对象，具体的内容会在后续讲述，对于 models.py 的代码说明如下：

（1）代码中分别定义了数据模型 ProgramInfo 和 TaskRecord，它们继承 db.Model 类，而父类 db.Model 由 SQLAlchemy 定义，其作用是将 SQLAlchemy 与数据库实现映射关系。

（2）类属性 __tablename__ 是设置数据表的表名，因为数据库的数据表可以通过数据模型生成。

（3）数据表字段由 db.Column 定义，而字段的数据类型由 db.INT、db.String(50)及 db.DateTime 设置。

（4）最后使用 db.create_all()，根据数据模型的定义，从而在数据库中生成相应的数据表。

SQLAlchemy 对不同数据类型的表字段有不同的定义方式，由于篇幅有限，我们只列出 SQLAlchemy 常用的数据类型，如表 15-1 所示。

表 15-1　SQLAlchemy 常用的数据类型

SQLAlchemy 数据类型	Python 数据类型	说　　明
Integer	Int	整型
String	Str	字符串
Float	Float	浮点型
DECIMAL	decimal.Decimal	定点型
Boolean	Bool	布尔型
Date	datetime.date	日期
DateTime	datetime.datetime	日期和时间
Time	datetime.time	时间
Text	Str	文本类型
LongText	Str	长文本类型

在代码中还看到字段 id 设置了列选项 primary_key，这是将字段设为数据表的主键。SQLAlchemy 的常用列选项如表 5-2 所示。

表 15-2　SQLAlchemy 的常用列选项

列选项	说　　明
primary_key	如果为 True，设置字段为表的主键
unique	如果为 True，设置字段的唯一性
index	如果为 True，对字段创建索引，提高查询效率
nullable	如果为 True，字段允许为空，如果为 False，字段不允许为空
default	定义默认值
server_default	定义默认值

现在已定义了数据模型 ProgramInfo 和 TaskRecord，接下来讲述如何使用数据模型实现数据表的操作。数据表的操作主要有增删改查，SQLAlchemy 对不同的操作有不同的使用方式，此处列出一些较为常用的操作方式，在 models.py 里添加以下代码：

```python
if __name__=='__main__':
    # 插入数据
    p = ProgramInfo()
    p.clientIP = 'localhost'
    p.introduce = 'MySQLAlchemy'
    p.name = 'SQLAlchemy'
    p.statusLock = ''
    db.session.add(p)
    db.session.commit()
    # 更新数据
    name = 'SQLAlchemy'
    qs = ProgramInfo.query.filter_by(name=name)
    qs.update({ProgramInfo.introduce: 'YourSQLAlchemy'})
    # 查询数据
    # 查询全表
    print(ProgramInfo.query.all())
    # 条件查询，filter_by 用来设置查询条件
    print(ProgramInfo.query.filter_by(name='SQLAlchemy'))
    # 查询字段 name，query(ProgramInfo.name) 设置只查询的字段
    print(db.session.query(ProgramInfo.name).all())
    # 删除某条数据
    name = 'SQLAlchemy'
    qs = ProgramInfo.query.filter_by(name=name).first()
    db.session.delete(qs)
    db.session.commit()
```

新添加的代码演示了 SQLAlchemy 对数据表的增删改查操作，在 PyCharm 里打开系统的目录，并单独运行 models.py 文件，运行结果中会出现一些红色的提示信息，这个提示信息并不影响程序的运行，结果如图 15-9 所示。

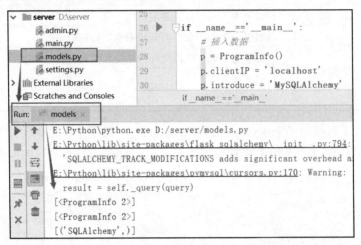

图 15-9 运行结果

对于 SQLAlchemy 来说，同一种数据库操作可能有多种不同的方法实现。上述代码只是列出了常用的操作方式，这也是 SQLAlchemy 对数据表的基础操作方式。读者如想深入了解 SQLAlchemy，可以到官方网站查阅相关文档（https://docs.sqlalchemy.org/en/latest/）。

15.3.3 Admin 后台

Admin 后台是每个网站都必须具备的功能之一，它主要用于对网页的信息管理，如文字、图片、影音和其他日常使用文件的发布、更新、删除等操作，简单来说就是对网站的数据库或文件的快速操作管理系统，以使得网站内容能够得到及时地更新和调整。

在 models.py 里分别定义了数据模型 ProgramInfo 和 TaskRecord，而任务调度中心的 admin.py 文件是对这两个数据模型实现可视化操作，比如在网页上实现数据的增删改查操作，简单地理解，目录结构的 admin.py 文件是对数据模型的可视化显示，将数据表的数据显示在网页上，方便用户的操作和管理。

我们知道，任务调度中心需要向任务执行系统发送任务请求，并会产生一个状态锁，以防止在短时间内对同一个计算机多次发送任务请求，这个任务发送功能添加在数据模型 ProgramInfo 的 Admin 后台，具体的实现代码如下：

```
from models import *
from flask_admin.contrib.sqla import ModelView
```

```python
from flask_admin.actions import action
import requests
# 定义模型 ProgramInfo 的 admin 后台
class ProgramInfoAdmin(ModelView):
    # 将字段设置中文内容
    column_labels = dict(clientIP='IP 地址', name='名称',
                         introduce='描述', statusLock='状态锁')
    # page_size 设置每页的数据量
    page_size = 30
    # 新增任务请求功能
    @action('执行任务', '执行任务', '确定执行任务？')
    def action_task(self, ids):
        for id in ids:
            info = ProgramInfo.query.filter_by(id=id).first()
            if not info.statusLock:
                ip = info.clientIP
                name = info.name
                # 写入任务记录表
                data = TaskRecord(clientIP=ip, name=name)
                db.session.add(data)
                # 获取刚写入数据的主键
                db.session.flush()
                # 向 client 端发送任务请求
                taskId = str(data.id)
                url = ip+'?name='+name+'&taskId='+taskId
                print(url)
                try:
                    r = requests.get(url)
                    if r.status_code == 200:
                        # 设置任务状态锁
                        info.statusLock = 'Lock'
                except: pass
                # 保存到数据库
                db.session.commit()
# 在 admin 界面注册视图
admin.add_view(ProgramInfoAdmin(ProgramInfo, db.session,
                    name='程序信息表'))


# 定义模型 TaskRecord 的 admin 后台
class TaskRecordAdmin(ModelView):
```

```
        column_labels = dict(clientIP='IP 地址', name='名称',
                             createTime='创建时间')
# 在 admin 界面注册视图
admin.add_view(TaskRecordAdmin(TaskRecord, db.session,
                             name='任务记录表'))
```

首先导入 models.py 里所有已定义的对象及模块，代码中所使用的 admin 对象来自 models.py，而 models.py 的 admin 对象则是来自 settings.py，经过这样的层层递进，可以解决文件之间的导入问题。此外，我们还导入了 flask-admin 的 ModelView 和 action、requests 模块，具体说明如下。

- ModelView：这是flask-admin所定义的类，用于定义数据模型的Admin后台。自定义的Admin后台都是以类表示，并且可以继承父类ModelView。
- action：这是flask-admin所定义的装饰器，可以自定义数据模型的操作功能。使用action装饰器添加任务发送功能。
- requests：这是Python的第三方模块，用于发送HTTP请求，向任务执行系统发送任务请求。

上述代码分别定义了 ProgramInfoAdmin 和 TaskRecordAdmin 类，分别对应数据模型 ProgramInfo 和 TaskRecord。其中我们对 ProgramInfoAdmin 类设置了自定义功能，如设置字段的中文内容、每页的数据量及任务发送等功能，具体说明如下。

（1）设置字段的中文内容：这是由 column_labels 属性设置，该属性来自父类 ModelView。如不设置该属性，在 Admin 后台就会显示数据模型所定义的字段名。

（2）每页的数据量：由父类 ModelView 的 page_size 属性实现，默认值为 20。因为数据表可以存放大量的数据信息，而 Admin 后台就需要将这些数据进行分页显示。

（3）任务发送功能：由 action 装饰器和 requests 模块共同实现。action 装饰器是将函数 action_task 所实现的功能加载到 Admin 后台；requests 模块是向任务执行系统发送任务请求，这是函数 action_task 的重要功能之一。

此外，函数 action_task 对数据模型 TaskRecord 新增数据，记录本次任务的执行信息并修改任务信息的状态锁，状态锁是数据模型 ProgramInfo 所定义的 statusLock 字段。读者必须理清函数 action_task 的实现逻辑才能理解任务发送的实现过程。

最后由 admin 对象的 add_view()方法实现注册功能，将 ProgramInfoAdmin 和 ProgramInfo 进行绑定，从而生成相应的 Admin 后台网页。

Flask 的 flask-admin 组件还提供了许多功能来满足日常的开发需求，本书就不再一一讲述了，有兴趣的读者可以查阅官方文档（https://flask-admin.readthedocs.io/en/latest/）及源码内容，源码里每个功能及参数都有详细的说明。

15.3.4　系统接口与运行

任务调度中心的 main.py 文件是负责开启系统的运行以及定义 API 接口，用于接收任务执行系统的程序运行结果。也就说，main.py 文件需要实现两个不同的功能：设置系统运行和添加一个路由地址（即 API 接口），具体的实现代码如下：

```python
from admin import *
from flask import request, jsonify

# API 接口，用于接收 client 的运行结果
# http://127.0.0.1:8080/?taskId=3&name=mytest&status=Done
@app.route('/')
def callBack():
    # 获取 GET 的请求参数
    taskId = request.args.get('taskId', '')
    name = request.args.get('name', '')
    status = request.args.get('status', '')
    if taskId and name:
        # 在任务记录表修改任务执行状态
        task = TaskRecord.query.filter_by(id=int(taskId)).first()
        task.status = status
        # 释放任务的状态锁
        info = ProgramInfo.query.filter_by(name=name).first()
        info.statusLock = ''
        db.session.commit()
        # 返回响应内容
        response = {"result": "success"}
        return jsonify(response)
    else:
        # 返回响应内容
        response = {"result": "fail"}
        return jsonify(response)

# 网站启动运行
if __name__ == '__main__':
    app.run(port=8080, debug=True)
```

main.py 导入 admin.py 所有已定义的对象和模块，admin.py 的对象和模块是来自 models.py，而 models.py 的对象和模块来自 settings.py。简单地说，main.py 的对象和模块是来自 settings.py，但 main.py 不能直接导入 settings.py 的对象和模块，因为 settings.py 的对象和模块必须经过 models.py 和 admin.py 的处理和设置。读者只要宏观地分析整个系统文件之间的关系，就会发现系统的设计要点。

上述代码中，我们设置了网站首页，首页的路由函数 callBack 是接收任务执行系统的任务执行结果，也就说自动化程序的运行结果。路由函数 callBack 分别获取 GET 的请求参数，并根据请求参数分别修改数据模型 ProgramInfo 和 TaskRecord 的字段值，最后将响应内容返回到任务执行系统。

在 admin.py 的函数 action_task 里，任务发送是将任务记录表（数据模型 TaskRecord）的主键 id 作为请求参数 taskId 并发送到任务执行系统，当任务执行系统完成任务时，它把之前接收的请求参数 taskId 再次发送到任务调度中心，当任务调度中心的接口（路由地址）收到 HTTP 请求时，路由函数 callBack 根据请求参数 taskId，在任务记录表（数据模型 TaskRecord）找到相应的数据，将运行结果记录在 status 字段。

同样的方法，admin.py 的函数 action_task 也将程序信息表（数据模型 ProgramInfo）的字段 name 作为请求参数并发送到任务执行系统，当任务执行系统完成任务时，它把之前接收的请求参数 name 再次发送到任务调度中心，路由函数根据请求参数 name 在程序信息表（数据模型 ProgramInfo）找到相应的数据并修改状态锁（字段 statusLock）。字段 name 作为数据模型 ProgramInfo 的查询条件，因为在定义字段 name 的时候，已经将字段 name 设为唯一性。任务调度中心与任务执行系统之间的数据传递如图 15-10 所示。

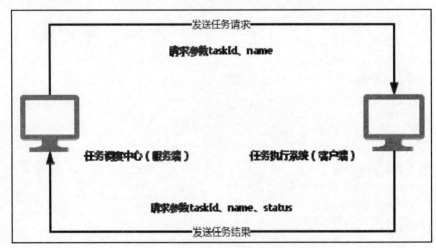

图 15-10　系统之间的数据传递

程序运行由 Flask 的 run 方法实现，参数 port 用于设置系统运行的端口；参数 debug 用于设置系统为调试模式，调试模式是方便开发者调试系统功能，它会根据代码的变更来决定是否重启系统。

至此，整个任务调度中心的开发已经完成。我们在 PyCharm 里运行 main.py 文件即可运行任务调度系统，在浏览器上分别访问以下的路由地址，验证功能是否正常，如图 15-11 所示。

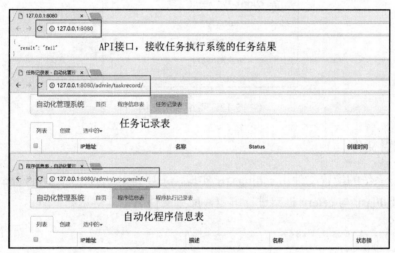

图 15-11　任务调度中心

15.4　任务执行系统

任务执行系统的功能主要是根据任务请求来执行相应的自动化程序，然后将程序的运行结果发送到任务调度中心。整个系统主要以程序执行为主，而程序执行是由异步框架 celery 实现的，它可以独立于系统而单独运行，程序执行所需的时间不会影响系统的响应时间。系统目录结构分为 main.py、settings.py、taskInfo.py 和 trainTicket.py，各个文件所实现的功能说明如下。

- main.py：系统的运行文件，用于启动任务执行系统的运行；定义API接口，用于接收任务调度中心的任务执行请求。
- settings.py：网站的配置文件，将Flask与celery和Redis进行绑定，也就是将Flask与异步任务框架celery绑定。

- taskInfo.py：定义异步任务框架的任务，即自动化程序，由celery模块实现。
- trainTicket.py：文件代码来自第9章的实战项目，实现12306车次查询功能，它主要被系统的异步任务调用。

任务执行系统无须使用 HTML 页面，因为它只接收任务请求和执行相应的自动化程序，整个过程都是由系统自行完成，系统的目录结构如图 15-12 所示。

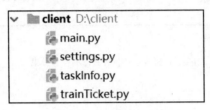

图 15-12　系统目录结构

15.4.1　配置文件

任务执行系统的配置文件由 settings.py 实现，主要是对 Flask 实例化的 app 对象进行设置。它需要将 Flask 与 celery 框架进行绑定，配置文件的配置信息如下所示：

```python
from flask import Flask
from celery import Celery
# 使用函数定义 Celery 对象
def make_celery(app):
    celery = Celery(
        app.import_name,
        backend=app.config['CELERY_RESULT_BACKEND'],
        broker=app.config['CELERY_BROKER_URL']
    )
    celery.conf.update(app.config)
    class ContextTask(celery.Task):
        def __call__(self, *args, **kwargs):
            with app.app_context():
                return self.run(*args, **kwargs)
    celery.Task = ContextTask
    return celery

# Flask 实例化，生成对象 app
app = Flask(__name__)
# 设置 app 的配置信息
```

```
app.config.update(
    CELERY_BROKER_URL='redis://localhost:6379/0',
    CELERY_RESULT_BACKEND='redis://localhost:6379/1',
    JSON_AS_ASCII=False
)
# 将 Flask 与 Celery 绑定
celery = make_celery(app)
```

上述代码中分别导入 Flask 模块和 celery 模块，代表了 Flask 框架和 celery 框架，然后自定义函数 make_celery，函数参数 app 是代表 Flask 实例化的 app 对象，函数将 app 对象与 celery 框架进行绑定，代码由 Flask 的官方文档提供，可在 http://flask.pocoo.org/docs/1.0/patterns/celery/查阅。

定义相关函数后，接下来是对函数的调用以及对 Flask 的实例化。Flask 实例化对象为 app，app 对象的 config 属性设置了 Redis 数据库的地址和 JSON 的数据格式。异步任务 celery 必须要结合 Redis 数据库才能运行，这是 celery 的底层设计原理。最后，调用自定义函数 make_celery，并将实例化对象 app 作为函数参数传入函数里，这样即可实现 Flask 和 celery 的绑定。

15.4.2　异步任务

在配置文件中，任务执行系统已绑定异步任务框架 celery。在本节中，我们在 taskInfo.py 里编写具体的异步任务函数。当任务执行系统收到任务请求时，系统通过 celery 框架来触发异步任务函数，也就是说，异步任务函数是用于执行并调用自动化程序的。taskInfo.py 的代码如下所示：

```
from settings import *
from trainTicket import *
import requests
# 定义并注册异步任务
@celery.task()
def AutoTask(taskId, name, **kwargs):
    try:
        if name == 'printPDF':
            print('printPDF')
        elif name == 'trainTicket':
            train_date = kwargs['train_date']
            from_station = kwargs['from_station']
            to_station = kwargs['to_station']
```

```
            i=get_info(train_date,from_station,to_station)
            print(str(i))
        status = 'Done'
    except Exception as e:
        print(e)
        status = 'Fail'
    # 将运行结果返回到任务调度中心
    url = 'http://127.0.0.1:8080/?name=' + name + \
        '&taskId=' + str(taskId) + '&status=' + status
    try:
        requests.get(url)
    except:pass
    # 返回任务状态
    return status
```

taskInfo.py 文件首先导入系统配置文件 settings.py，系统的文件导入设计也是按照任务调度中心的设计原理。此外，taskInfo.py 还导入了 trainTicket.py 文件，因为函数 AutoTask 需要调用并执行自动化程序。

在函数 AutoTask 里，分别定义函数参数 taskId、name 和**kwargs，三个函数参数的说明如下。

- taskId：代表任务记录表（数据模型TaskRecord）的主键id，它来自任务请求的请求参数，由任务调度中心向任务执行系统发送的HTTP请求。
- name：代表程序信息表（数据模型ProgramInfo）的字段name，它的来源与参数taskId一致。
- **kwargs：这是可选参数，如果自动化程序需要使用某些配置，可对该参数进行设置，通过参数传递来配置自动化程序。

函数 AutoTask 的实现逻辑分为三部分：根据参数 name 来选择相应的自动化程序、将运行结果以 HTTP 请求发送到任务调度中心、返回任务状态。具体说明如下：

（1）根据参数 name 来选择相应的自动化程序：参数 name 来自任务调度中心的程序信息表（数据模型 ProgramInfo）的字段 name，该字段具有唯一性，可以明确决定执行哪一个自动化程序。上述代码中，当参数 name 等于 trainTicket 的时候，将会调用 trainTicket.py 的函数 get_info，该函数执行 12306 的车次查询。

（2）将运行结果以 HTTP 请求发送到任务调度中心：该功能是让任务调度中心记录自动化程序的运行结果并释放状态锁，代码中的变量 url 是任务调度中心的 main.py 文件所定义的路由地址。

（3）返回任务状态：运行结果显示在任务执行系统的 celery 框架，也可以用于查看任务的运行结果。

从 taskInfo.py 所实现的功能可以看到，函数 AutoTask 所使用的数据主要来自任务调度中心，并且还将运行结果以 HTTP 请求发送到任务调度中心。

15.4.3　系统接口与运行

任务执行系统的 main.py 文件负责开启系统的运行以及定义 API 接口，它与任务调度中心的 main.py 所实现的功能是一致的，主要是设置系统运行和添加一个路由地址（即 API 接口）。具体的代码如下：

```python
from flask import request, jsonify
from taskInfo import *

# API 接口，接收任务请求
# http://127.0.0.1:8000/?name=trainTicket&taskId=1
@app.route('/')
def task_receive():
    taskId = request.args.get('taskId', '')
    name = request.args.get('name', '')
    kwargs = {}
    kwargs['train_date'] = '2018-10-29'
    kwargs['from_station'] = '广州'
    kwargs['to_station'] = '武汉'
    AutoTask.delay(taskId, name, **kwargs)
    return jsonify({"result": "success",
                "taskId": taskId,})

# 先启动 celery, 在 PyCharm 的 Terminal 输入以下指令:
# celery -A taskInfo.celery worker -l info -P solo
# 再启动运行网站
if __name__ == '__main__':
    app.run(port=8000, debug=True)
```

上述代码导入了 taskInfo.py 文件，以获取 taskInfo.py 文件的所有对象和模块，而 taskInfo.py 文件的对象和模块有大部分都是来自 settings.py，通过层层的导入来实现文件之间的递进关系。此外，我们还导入了 Flask 的 request 和 jsonify 功能，前者用于获取请求参数，后者将字典的数据格式转换成 JSON 格式。

main.py 文件定义了系统首页的路由地址以及路由函数 task_receive，这是系统的 API 接口，用于接收并处理任务调度中心的任务请求。路由函数 task_receive 首先获取请求参数 taskId 和 name，并设置字典 kwargs，它们将作为异步任务 AutoTask 的函数参数。

由于第 9 章的自动化程序需要配置相应参数，并且这些参数是可以随机变化的，本书为了简化系统的复杂性，直接在路由函数 task_receive 定义自动化程序的参数。在实际的开发过程中，可以在任务调度中心的程序信息表（数据模型 ProgramInfo）新增字段，用于设置自动化程序的参数，然后通过 HTTP 协议传递到任务执行系统，传递的形式与参数 taskId 和 name 一致即可。

main.py 文件作为系统的运行入口，因此在 if__name__ == '__main__' 下使用 run 方法设置系统的运行模式。在启动系统之前，还需要开启 celery 框架，在 PyCharm 的 Terminal 输入 celery -A taskInfo.celery worker -l info -P solo 即可启动 celery。celery 的启动信息如图 15-13 所示。

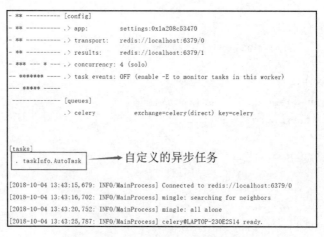

图 15-13 celery 启动信息

celery 启动后再运行 main.py 文件即可启动系统，在浏览器上输入首页的路由地址并设置相应的请求参数，验证系统功能是否正常运行。成功访问首页的路由地址，浏览器会返回 JSON 的数据内容，然后在 PyCharm 的 Terminal 下可以看到异步任务的执行请求，如图 15-14 所示。

图 15-14 是整合了浏览器的页面以及 PyCharm 的 Terminal 信息内容。在浏览器上的路由地址可以分为三部分：IP 地址+端口、请求参数 name 和请求参数 taskId，三者的数据可以存放在任务调度中心的数据库。IP 地址+端口和请求参数 name 对应程序信息表（数据模型 ProgramInfo）的字段 clientIP 和 name；请求参数 taskId 对应任务记录表（数据模型 TaskRecord）的主键 id。

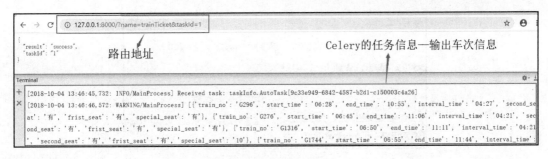

图 15-14　运行结果

15.5　系统上线部署

　　现在，我们已经开发了两个 Web 应用系统：任务调度系统和任务执行系统。两个系统可以分别部署在不同的计算机上，如果需要在一个局域网或互联网内部署多个计算机，那么任务调度系统只允许部署在一台计算机上，其他计算机则为任务执行系统，这样可实现一台计算机同时操控多台计算机执行不同的自动化程序。

　　出于读者的角度考虑，在学习过程中可能找不到多台计算机来部署两个 Web 应用系统，因此我们将两个 Web 应用系统同时部署在同一台计算机上，只需将两个系统的端口设置不同即可共存在同一台计算机上。系统的部署是将 Web 应用系统部署在 Web 服务器，常用的 Web 服务器有 Nginx、Apache 和 IIS，其中 Nginx 和 Apache 支持三大操作系统：Windows、MacOS 及 Linux，而 IIS 只支持 Windows 系统，它是 Windows 系统的一个管理功能。

　　由于本书所讲述的自动化程序涉及到软件自动化开发，它必须在 Windows 系统下才能正常运行，因此我们选择 IIS 服务器来部署两个 Web 应用系统。Web 服务器的选择并不是唯一的，也可以在 Windows 下使用 Nginx 或 Apache 部署。

　　IIS 是 Internet Information Services 的缩写，意为互联网信息服务，是由微软公司提供的基于运行 Microsoft Windows 的互联网基本服务。它是一种 Web（网页）服务组件，其中包括 Web 服务器、FTP 服务器、NNTP 服务器和 SMTP 服务器，分别用于网页浏览、文件传输、新闻服务和邮件发送等方面，它使得在网络（包括互联网和局域网）上发布信息成了一件很容易的事。

　　以 Windows 10 操作系统为例，默认情况下，Windows 10 操作系统是没有安装 IIS 功能的，我们需要在"控制面板"里打开"程序和功能"，单击"启用或关闭 Windows 功能"，如图 15-15 所示。

图 15-15　启用或关闭 Windows 功能

　　单击图上的"启用或关闭 Windows 功能"就会进入启用或关闭 Windows 功能界面，在该界面上打开"万维网服务"，将"安全性"、"常见 HTTP 功能"、"性能功能"、"应用程序开发功能"以及"Internet Information Services 可承载的 Web 核心"的所有选项全部勾选，然后单击"确认"按钮即可开启 IIS 服务，如图 15-16 所示。

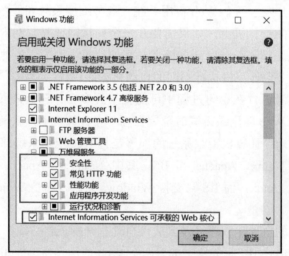

图 15-16　开启 IIS 服务

　　开启 IIS 服务需要一定的等待时间，IIS 服务开启成功后，在 Windows 的"开始菜单"里找到并打开"Windows 管理工具"即可找到 IIS，如图 15-17 所示。

　　现在已成功开启 IIS 服务功能，接下来需要安装 Python 的 wfastcgi 模块。wfastcgi 表示使用 WSGI 和 FastCGI，在 IIS 和 Python 之间建起一个桥梁，类似于 mod_python 为 Apache HTTP Server 提供的桥梁。它可以与任何支持 WSGI 的 Python Web 应用程序或框架一起使用，并提供通过 IIS 处理请求和进程池的有效方法。简单地说，wfastcgi 模块就是将我们开发的应用系统与 IIS 进行连接。wfastcgi 模块可以使用 pip 指令安装，在 CMD 下输入 pip install wfastcgi，等待安装即可。

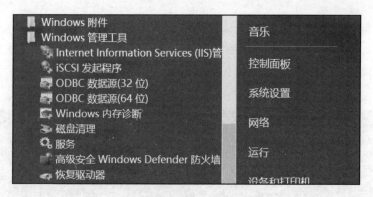

图 15-17　IIS 服务器

wfastcgi 模块安装成功后，我们还需要开启 wfastcgi 服务，使用管理员身份运行 CMD 窗口，将路径地址切换到 Python 安装目录的 Scripts 文件夹，然后输入 wfastcgi-enable 即可开启。如果 CMD 窗口不是使用管理员身份运行，并且执行 wfastcgi 服务开启，系统会提示权限不足而无法开启，如图 15-18 所示。

```
ERROR ( message:配置错误
文件名: redirection.config
行号: 0
描述: 由于权限不足而无法读取配置文件
。 )
An error occurred running the command:

['C:\\WINDOWS\\system32\\inetsrv\\appcmd.exe', 'set', 'config', '/sec
tion:system.webServer/fastCGI', "/+[fullPath='e:\\python\\python.exe'
, arguments='e:\\python\\lib\\site-packages\\wfastcgi.py', signalBefo
reTerminateSeconds='30']"]

Ensure your user has sufficient privileges and try again.
```

图 15-18　权限不足开启 wfastcgi 服务

wfastcgi 服务开启后，将 e:\python\python.exe|e:\python\lib\site-packages\wfastcgi.py 保存下来，这段配置信息需要写到配置文件里，如图 15-19 所示。

```
C:\WINDOWS\system32>e:

E:\>cd E:\Python\Scripts

E:\Python\Scripts>wfastcgi-enable
已经在配置提交路径 "MACHINE/WEBROOT/APPHOST" 向 "MACHINE/WEBROOT/APPHOST" 的 "system.webServer/fastCgi" 节应用
"e:\python\python.exe|e:\python\lib\site-packages\wfastcgi.py" can now be used as a FastCGI script processor
```

图 15-19　开启 wfastcgi 服务

wfastcgi 服务只要开启了，不管计算机是关机还是重启，这个服务都会自动运行，无须重复开启，如果重复开启 wfastcgi 服务，第二次开启的时候会出现报错信息，如图 15-20 所示。若要关闭这个服务，可以在 Python 安装目录的 Scripts 文件夹中输入 wfastcgi-disable 即可关闭。

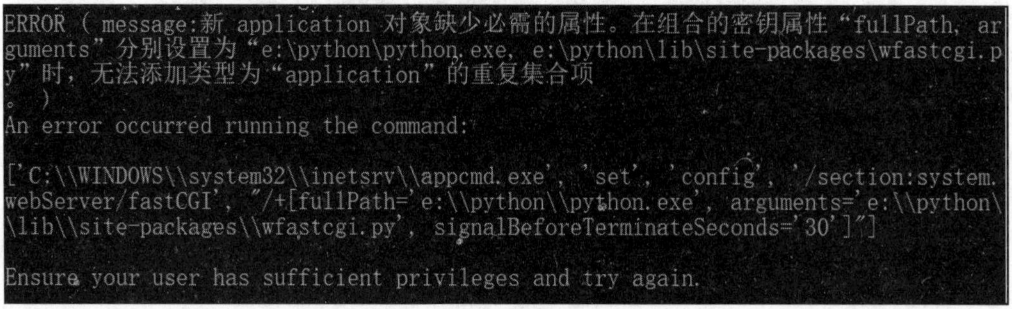

ERROR（message:新 application 对象缺少必需的属性。在组合的密钥属性"fullPath, arguments"分别设置为"e:\python\python.exe, e:\python\lib\site-packages\wfastcgi.py"时，无法添加类型为"application"的重复集合项
。）
An error occurred running the command:
['C:\\WINDOWS\\system32\\inetsrv\\appcmd.exe', 'set', 'config', '/section:system.
webServer/fastCGI', "/+[fullPath='e:\\python\\python.exe', arguments='e:\\python\
\lib\\site-packages\\wfastcgi.py', signalBeforeTerminateSeconds='30']"]
Ensure your user has sufficient privileges and try again.

图 15-20　重复开启 wfastcgi 服务

接着在任务调度系统和任务执行系统的系统目录下添加配置文件 web.config。由于两个系统的运行入口都是 main.py 文件，因此两个系统的配置文件 web.config 的内容是相同的，如下所示：

```xml
<?xml version="1.0" encoding="UTF-8"?>
<configuration>
<system.webServer>
<security>
  <requestFiltering allowDoubleEscaping="true">
  </requestFiltering>
</security>
<handlers>
  <add name="FastCgiModule" path="*" verb="*"
  modules="FastCgiModule" scriptProcessor=
  "e:\python\python.exe|e:\python\lib\site-packages\wfastcgi.py"
  resourceType="Unspecified" />
</handlers>
</system.webServer>
<appSettings>
  <!-- Required settings -->
  <add key="WSGI_HANDLER" value="main.app" />
  <add key="PYTHONPATH" value="~/" />
</appSettings>
</configuration>
```

　　配置文件的 scriptProcessor 就是 wfastcgi 服务开启后的配置信息；main.app 是指两个系统的运行文件 main.py 里面的 app 对象；其余的配置信息都是固定不变的，无须更改。

　　最后将两个系统分别部署到 IIS 服务器上，由于部署的方式一样，因此以任务执行系统为例，在 IIS 的"网站"右击，单击"添加网站"，如图 15-21 所示。

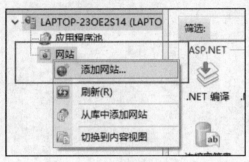

图 15-21　添加网站

　　在"添加网站"的界面上分别设置"网站名称""物理路径"和"端口"。"网站名称"可根据个人爱好自行设置；"物理路径"是指系统目录所在的路径地址；"端口"是指网址的端口，因为任务执行系统的调试模式端口设置 8000，因此，此处也设为 8000；最后单击"确定"按钮即可，如图 15-22 所示。

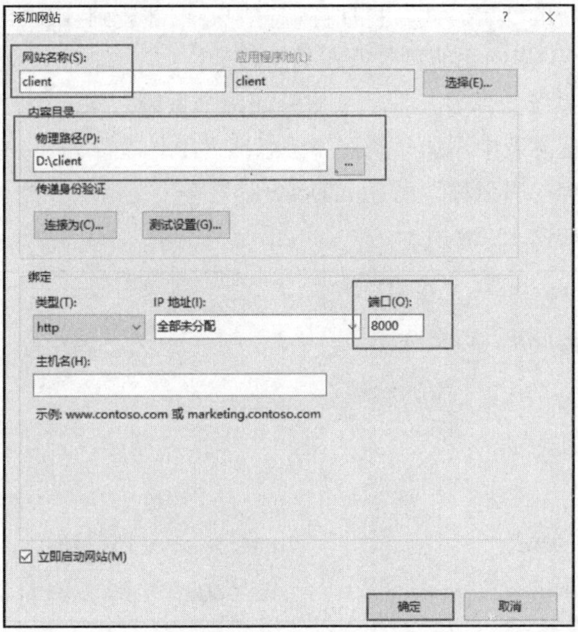

图 15-22　系统部署

由于任务执行系统还需要开启celery框架来执行异步任务，因此需要通过CMD窗口来运行 celery。在 CMD 里，将路径切换到任务执行系统的目录，输入 celery 的启动指令即可启动 celery，如图 15-23 所示。

```
D:\client>celery -A taskInfo.celery worker -1 info -P solo。
-------------- celery@LAPTOP-230E2S14 v4.2.1 (windowlicker)
---- **** -----
--- * *** * -- Windows-10-10.0.17134-SP0 2018-10-05 23:09:35
-- * - **** ---
- ** ---------- [config]
- ** ---------- .> app:         settings:0x177441f6748
- ** ---------- .> transport:   redis://localhost:6379/0
- ** ---------- .> results:     redis://localhost:6379/1
- *** --- * --- .> concurrency: 4 (solo)
-- ******* ---- .> task events: OFF (enable -E to monitor tasks in this worker)
--- ***** -----
-------------- [queues]
                .> celery        exchange=celery(direct) key=celery

[tasks]
 . taskInfo.AutoTask

[2018-10-05 23:09:36,930: INFO/MainProcess] Connected to redis://localhost:6379/0
[2018-10-05 23:09:37,940: INFO/MainProcess] mingle: searching for neighbors
[2018-10-05 23:09:42,005: INFO/MainProcess] mingle: all alone
[2018-10-05 23:09:47,038: INFO/MainProcess] celery@LAPTOP-230E2S14 ready.
```

图 15-23　启动 celery

按照任务执行系统的部署方式，将任务调度中心也部署到 IIS 上。"网站名称"设置为 server；"物理路径"指向系统目录所在的路径地址；"端口"设置为 8080。

现在已完成两个系统的部署，下一步需验证两个系统之间能否正常运行。首先在打开任务调度中心的程序信息表中添加一条程序信息："IP 地址"为任务执行系统的 IP 地址；"描述"可自定义内容；"名称"为 trainTicket，该字段是请求参数 name 的参数值；"状态锁"设置为空值，如图 15-24 所示。

	IP地址	描述	名称	状态锁
☑ ✏ 🗑	http://localhost:8000/	Get train info	trainTicket	

图 15-24　设置程序信息

选中图 15-24 中的程序信息，单击"选中的"并选择"执行任务"，再单击"确定"
按钮即可向任务执行系统发送任务请求，如图 15-25 所示。

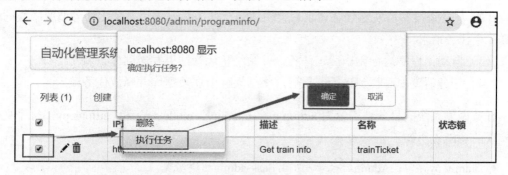

图 15-25 发送任务请求

任务发送成功后，我们可以看到状态锁的值显示为 Lock，当再次刷新网页的时候，发
现状态锁的值为空；打开任务记录表可以看到任务的状态为"Done"，如图 15-26 所示，
这说明任务执行系统已收到任务请求，并将任务结果发送到任务调度中心。此外，我们也
可以查看 celery 所在的 CMD 窗口的异步任务信息。

图 15-26 任务记录表

15.6 本章小结

自动化系统是由两个不同功能的 Web 系统组成的，一个是任务调度系统，负责自动化
程序的信息管理和控制程序的运行；另一个是任务执行系统，主要接收任务请求并执行相
应的自动化程序，程序执行完毕再将运行结果发送到任务调度系统。

整个自动化系统只能有一个任务调度系统，而任务执行系统可以是一个或多个，这是
系统的分布式管理的原理。整个系统的完整任务调度流程说明如下：

（1）当任务执行系统收到任务调度中心的任务请求后，任务执行系统就会启动并运行本地的自动化程序。

（2）任务调度中心发送任务请求后会生成一个任务锁，该锁是禁止任务调度中心同时发送多个任务请求。

（3）自动化程序运行完毕后，任务执行系统将运行结果发送到任务调度中心。

（4）任务调度中心收到运行结果后，将结果记录在数据库并释放任务锁。

任务调度系统的目录结构分为 admin.py、main.py、models.py 和 settings.py，每个文件所实现的功能说明如下。

- admin.py：实现Admin后台管理，由flask-admin模块实现。
- main.py：系统的运行文件，用于启动任务调度中心的运行；定义API接口，用于接收任务执行系统的程序运行结果。
- models.py：定义数据模型，实现Flask与MySQL的数据映射，由flask-sqlalchemy模块实现。
- settings.py：网站的配置文件，将Flask与flask-babelex、flask-admin和flask-sqlalchemy等模块进行绑定，使第三方模块能够应用于Flask框架。

任务执行系统目录结构分为 main.py、settings.py、taskInfo.py 和 trainTicket.py，各个文件所实现的功能说明如下。

- main.py：系统的运行文件，用于启动任务执行系统的运行；定义API接口，用于接收任务调度中心的任务执行请求。
- settings.py：网站的配置文件，将Flask与celery和Redis进行绑定，也就是将Flask与异步任务框架celery绑定。
- taskInfo.py：定义异步任务框架的任务，即自动化程序，由celery模块实现。
- trainTicket.py：文件代码来自第9章的实战项目，实现12306车次查询功能，它主要被系统的异步任务调用。